黑曲霉孢子复合生物吸附剂对水中Cr(VI)的去除效能与机制研究

任滨侨 王艳丽 宋晓晓 赵路阳 金 玉 王 阳◇著

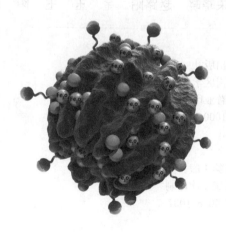

黑龙江大学出版社
HEILONGJIANG UNIVERSITY PRESS

图书在版编目(CIP)数据

黑曲霉孢子复合生物吸附剂对水中 Cr(Ⅵ)的去除效能与机制研究 / 任滨侨等著. -- 哈尔滨：黑龙江大学出版社, 2024.4
ISBN 978-7-5686-1037-7

Ⅰ. ①黑… Ⅱ. ①任… Ⅲ. ①生物－吸附剂－应用－水污染－重金属污染 Ⅳ. ①X703.5

中国国家版本馆 CIP 数据核字(2023)第 188228 号

黑曲霉孢子复合生物吸附剂对水中 Cr(Ⅵ)的去除效能与机制研究
HEIQUMEI BAOZI FUHE SHENGWU XIFUJI DUI SHUIZHONG Cr(Ⅵ) DE QUCHU XIAONENG YU JIZHI YANJIU
任滨侨　王艳丽　宋晓晓　赵路阳　金　玉　王　阳　著

责任编辑	李　卉
出版发行	黑龙江大学出版社
地　　址	哈尔滨市南岗区学府三道街 36 号
印　　刷	天津创先河普业印刷有限公司
开　　本	720 毫米×1000 毫米　1/16
印　　张	12.5
字　　数	210 千
版　　次	2024 年 4 月第 1 版
印　　次	2024 年 4 月第 1 次印刷
书　　号	ISBN 978-7-5686-1037-7
定　　价	49.80 元

本书如有印装错误请与本社联系更换，联系电话：0451-86608666。

版权所有　侵权必究

前　言

工业园区低浓度镀铬废水通常采用还原沉淀法进行处理,由于受溶度积常数限制,难以达到排放标准。相比之下,吸附法更适用于处理低浓度镀铬废水。因此,本书以真菌黑曲霉固态发酵产物——黑曲霉孢子(英文缩写为 AS)为研究对象,并对其进行季铵盐化及磁化修饰,在提高吸附效能的同时可实现磁分离,有利于在实际工业中推广应用。

首先,通过对 AS 进行物理预处理及化学修饰提高其吸附效能,分别制备了冻融预处理黑曲霉孢子(FT - AS)和化学表面修饰黑曲霉孢子,包括酸修饰黑曲霉孢子(a - AS)、碱修饰黑曲霉孢子(b - AS)、聚乙烯亚胺修饰黑曲霉孢子(PEI - AS)和十六烷基三甲基溴化铵修饰黑曲霉孢子(CTAB - AS)。然后,采用 Fe_3O_4 磁性纳米颗粒与 AS 进行复合,使其具备可分离性,制备了磁性修饰黑曲霉孢子吸附剂(Fe_3O_4 - AS、CTAB/Fe_3O_4 - AS),不但提高了吸附效能,还解决了吸附后在溶液中难分离的问题。最后,研究其在实际废水中的应用,并采用实验表征分析及理论计算方法,探究 AS 基吸附剂对 Cr(Ⅵ)的去除机制。

采用定性和定量方法,分析 AS 的组成结构和理化特性。通过定量分析可知,AS 的主要成分是多糖、蛋白质及水分,属于多糖型生物吸附剂,含有丰富的官能团,有利于去除重金属离子。Cr(Ⅵ)阴离子为水中常见且毒性较强的重金属离子。对 AS 进行冻融处理及化学表面修饰,研究相同吸附条件下对 Cr(Ⅵ)的去除规律,探究提高 Cr(Ⅵ)吸附容量的有效手段。采用冻融方法提高 AS 孔隙度,进而提高吸附容量,Cr(Ⅵ)吸附容量为 48.6 $mg \cdot g^{-1}$,较原孢子的吸附容量 43.6 $mg \cdot g^{-1}$ 略有提高。CTAB 修饰后 CTAB - AS 吸附容量为 77.6 $mg \cdot g^{-1}$,较原孢子提高近 80%。

以磁性负载和化学表面修饰相结合的方法制备了 CTAB/Fe$_3$O$_4$ - AS 吸附剂,提高吸附效能的同时解决了吸附剂难以回收的问题。本书所采用的磁性材料为 Fe$_3$O$_4$,为了解决纳米颗粒易于团聚问题的同时提高其亲水性,将其分散至表面活性剂中制备成水基磁流体,实现磁性纳米材料在 AS 表面的均匀包覆。以吸附效能为评价指标,当 Fe$_3$O$_4$ 与 AS 质量比为 1∶1 时进行复合制备的吸附剂,吸附效能优于其他比例所制备的吸附剂。因此,在确定此比例的基础上,对 Fe$_3$O$_4$ - AS 进一步进行化学表面修饰,获得 CTAB/Fe$_3$O$_4$ - AS,并对磁性吸附剂 Fe$_3$O$_4$ - AS 及 CTAB/Fe$_3$O$_4$ - AS 进行结构特征分析。以 Cr(Ⅵ)为目标污染物,比较不同影响因素条件下 AS、CTAB - AS、Fe$_3$O$_4$ - AS 和 CTAB/Fe$_3$O$_4$ - AS 这 4 种 AS 基吸附剂的吸附特点。相同条件下,4 种吸附剂吸附容量从高到低依次为 CTAB/Fe$_3$O$_4$ - AS > CTAB - AS > AS > Fe$_3$O$_4$ - AS。对溶液及吸附剂表面的总铬及 Cr(Ⅵ)进行研究,反应溶液中及 4 种 AS 基吸附剂表面既存在 Cr(Ⅵ)也存在 Cr(Ⅲ)。CTAB/Fe$_3$O$_4$ - AS 的吸附容量是 AS 的 2 倍以上,兼具良好的分离及吸附效能。利用响应面法建立 CTAB/Fe$_3$O$_4$ - AS 的吸附优化方程并对反应参数进行优化。采用该吸附剂处理 Cr(Ⅵ)浓度为 66 mg·L^{-1}的实际电镀废水,当吸附剂投加量为 1.5 g·L^{-1}时,去除率达到 98%。基于 CTAB/Fe$_3$O$_4$ - AS 吸附特性设计生物吸附 + 电磁分离处理工艺,为此类吸附剂的实际应用提供完善的工艺方案。

采用实验表征分析与理论计算相结合的方法研究了 AS 基吸附剂对 Cr(Ⅵ)还原吸附机制。同步辐射结果表明,AS 及 CTAB/Fe$_3$O$_4$ - AS 吸附后的金属铬与 O、N 原子形成三配位化合物。AS 及 CTAB/Fe$_3$O$_4$ - AS 吸附体系(溶液及吸附剂)中同时存在 Cr(Ⅵ)和 Cr(Ⅲ)。同步辐射结果与 XPS 分析结果相符,AS 表面的 Cr(Ⅲ)占比约为 93%,即在 AS 表面的 Cr(Ⅵ)基本被完全还原。CTAB/Fe$_3$O$_4$ - AS 表面的 Cr(Ⅲ)占比 59%,部分 Cr(Ⅵ)被还原,部分 Cr(Ⅵ)通过静电作用吸附于 CTAB/Fe$_3$O$_4$ - AS 表面,并未发生还原作用。为明确生物吸附剂与 Cr(Ⅵ)作用的有效成分并明确还原吸附机制,采用密度泛函理论(DFT)及分子动力学量化计算深入剖析,结果表明 AS 主要组分中含有给电子基团(胺基)物质的结合能,福井函数和静电势绝对值较大。结合 DFT 计算结果,AS 组分中的几丁质在还原吸附 Cr(Ⅵ)中起主要作用。基于此,以几丁质为 AS 有效成分进行分子动力学模拟,从分子水平上构建生物吸附剂模型,并计算与Cr(Ⅵ)的结合能。本书通过实验验证及理论计算相结合的方法,明确生物吸附剂与重金属作用的重要组分,对于生物吸附剂去除水中重金属污染物具有重要的理论研究意义。

由于编者水平有限,书中疏漏和不当之处在所难免,恳请读者批评指正。

目 录

第1章 绪 论 ·· 1
 1.1 研究背景 ··· 1
 1.2 Cr(Ⅵ)的污染现状及水环境中 Cr(Ⅵ)处理研究进展 ············ 5
 1.3 真菌吸附剂去除水中 Cr(Ⅵ)的机制 ································· 10
 1.4 真菌吸附剂的改性方法 ·· 14
 1.5 研究目的与意义及主要研究内容 ······································ 16

第2章 实验材料与方法 ·· 20
 2.1 实验试剂与仪器 ··· 20
 2.2 实验方法 ··· 23
 2.3 材料表征方法 ·· 28
 2.4 分析方法 ··· 29
 2.5 计算方法 ··· 39

第3章 黑曲霉孢子吸附剂的制备及吸附效能 ························ 42
 3.1 引言 ·· 42
 3.2 黑曲霉孢子生物吸附剂的理化性质分析 ···························· 42
 3.3 冻融预处理黑曲霉孢子吸附剂 ··· 50
 3.4 化学修饰黑曲霉孢子吸附剂 ·· 56
 3.5 黑曲霉孢子基吸附剂效能对比评价 ··································· 62
 3.6 本章小结 ··· 63

第4章 CTAB/Fe_3O_4-AS 对 Cr(Ⅵ)的吸附特性研究 ············ 65
 4.1 引言 ·· 65
 4.2 CTAB/Fe_3O_4-AS 生物吸附体系的构建 ························· 66

4.3　CTAB/Fe_3O_4-AS 生物吸附剂的表征 ……………………………… 69
 4.4　CTAB/Fe_3O_4-AS 对 Cr(Ⅵ)的吸附特性 …………………………… 85
 4.5　本章小结 …………………………………………………………… 103

第5章　黑曲霉孢子基吸附剂应用研究及吸附机制 ……………… 105
 5.1　引言 ………………………………………………………………… 105
 5.2　CTAB/Fe_3O_4-AS 吸附剂评价及工艺设计 ………………………… 106
 5.3　吸附过程 …………………………………………………………… 120
 5.4　基于材料表征的吸附剂对 Cr(Ⅵ)的吸附机制研究 ……………… 128
 5.5　基于理论计算的吸附剂对 Cr(Ⅵ)的吸附机制研究 ……………… 144
 5.6　CTAB/Fe_3O_4-AS 去除 Cr(Ⅵ)的吸附机制综合分析 …………… 160
 5.7　本章小结 …………………………………………………………… 161

结　　论 …………………………………………………………………… 163

参考文献 …………………………………………………………………… 166

第1章 绪　论

1.1 研究背景

随着我国环保产业的快速发展,污水处理市场规模将在较长的时期内不断扩大,污水处理产业市场化服务需求将逐步突出。工业废水危害较大。近年来为了减少工业废水的排放,我国首先从源头减少工业用水量,2015—2020年,我国工业用水量及占总用水量比例均呈逐年递减趋势。在工业废水处理技术不断提高的背景下,2010—2020年,我国对工业污染的治理已经取得了较大的进步,工业废水排放量总体上呈下降趋势。总体来看,我国对工业用水的处理一直非常重视,污水处理仍是当今水环境领域的研究热点。我国每年产生的工业废水中重金属废水约占60%,尤其是在电镀行业电镀过程中使用了重金属溶液等化学品,污染地表水和地下水。重金属在水中以高价态的离子形式存在,具有较强的迁移性。

铬(Cr)是一种重要的天然金属,广泛应用于防腐、制革、印染及电镀等领域。环境中的铬主要来源于相关工业过程的泄漏、不当存储和不当处置。铬以多种价态(0价到+6价)存在于环境中,其中Cr(Ⅵ)为对人类健康和水生生物造成严重危害的有毒污染物之一,因此如何有效去除Cr(Ⅵ)污染物备受关注。在此背景下,实现重金属Cr(Ⅵ)的高效、环保、低碳处理已成为国内外的研究热点。

铬元素微量存在于自然界各种环境成分中,包括空气、水和土壤,其在自然环境中的循环如图1-1所示。铬元素能以多种氧化态形式存在,其中Cr(Ⅲ)和Cr(Ⅵ)是最常见且高度稳定的状态。在大气环境中,如果处于热力学平衡状态,那么Cr(Ⅵ)是唯一存在的形式。铬在土壤或沉积物中最显著的特点是氧化过程和还原过程同时存在,Cr(Ⅲ)可以被锰氧化物氧化成 Cr(Ⅵ),而 Cr(Ⅵ)则可由土壤中的各种有机物还原为 Cr(Ⅲ)。自然环境中的 Cr(Ⅵ)一般由 Cr(Ⅲ)氧化而来,但是工业废水排放导致过量 Cr(Ⅵ)被排放到自然环境中,在生态系统中被吸收并显示出毒性。在水环境中,Cr(Ⅲ)和 Cr(Ⅵ)两种存在形式的比例受到氧化还原电位与 pH 值的影响,Cr(OH)$_3$(s)平衡溶液的 E_h-pH 图如图 1-2 所示,表明 Cr(Ⅵ)在溶液 pH<6.4 时主要以 $HCrO_4^-$ 的形式存在,溶液 pH>6.4 时主要以 CrO_4^{2-} 的形式存在,因此 Cr(Ⅵ)化合物表现出高溶解性和高活性。Cr(Ⅵ)很容易被电子供体(如环境中普遍存在的有机物质或还原性的无机物质)还原为 Cr(Ⅲ);而 Cr(Ⅲ)在溶液 pH<3.6 时主要以 Cr^{3+} 形式存在,在溶液 pH>6.0 时主要以 Cr(OH)$_3$(s)形式存在且不溶于水,因此限制了 Cr(Ⅲ)在水和土壤中的流动性。

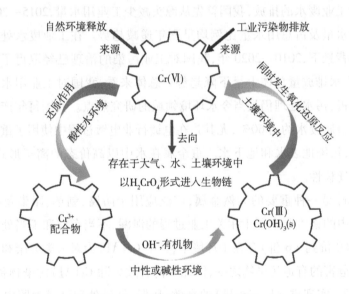

图 1-1 铬在自然环境中的循环

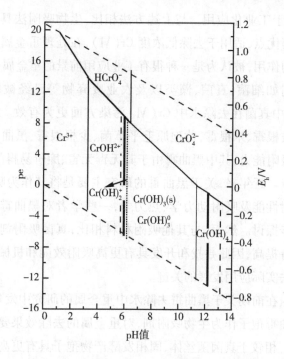

图 1-2 Cr(OH)$_3$(s)平衡溶液的 E_h-pH 图

大量研究报道表明,铬对环境及生物的毒性与其价态有直接关系。Cr(Ⅲ)在环境中主要与有机物质结合形成不溶物,在环境中是固定的,因此其对环境的毒性较小。而 Cr(Ⅵ)是可溶的,在环境中是可移动的,且具有更高的毒性,因此对环境造成的危害更大。Cr(Ⅵ)随着工业活动不断释放到自然环境中,其在环境中的浓度不断增加,特别是相关工业园区的地表水和地下水及周围土壤中 Cr(Ⅵ)的浓度远超过限值,直接或间接影响了周围环境中的植物和微生物。Cr(Ⅵ)可减弱与植物营养吸收有关的光合作用,导致植物生长缓慢。Cr(Ⅵ)在植物细胞体内诱导植物细胞中活性氧的产生,严重影响多种生理和生化过程,表现为植物褪绿和坏死。

化学还原沉淀法、离子交换法、膜分离法、电化学还原法、吸附法和生物法等已经用于处理水环境中 Cr(Ⅵ)污染。传统处理法如化学还原沉淀法受制于电离平衡常数,无法处理低浓度 Cr(Ⅵ)污染。而新兴处理方法如膜分离法、离子交换法等,工艺简单且能快速高效去除 Cr(Ⅵ),但是处理低浓度 Cr(Ⅵ)污染成本高昂,不利于工业化应用。与上述方法相比,生物吸附法具有环保、高效、材料来源广泛等优点,适用于去除低浓度 Cr(Ⅵ),在处理重金属污染领域发挥着越来越重要的作用,被认为是一种很有工业应用前景的重金属处理方法。

生物吸附剂如细菌、真菌、藻类以及农业废弃物等已经被用于去除水中 Cr(Ⅵ)污染,其中真菌在去除水中 Cr(Ⅵ)污染方面更为有效。大量真菌如青霉菌、云芝、匍枝根霉、米根霉、黄孢原毛平革菌、少根根霉、黑曲霉等对 Cr(Ⅵ)表现出良好的吸附能力,其中黑曲霉由于其无毒无害、廉价易得的特性,成为近几年的研究热点。近年来,关于黑曲霉的研究主要是将其作为吸附剂,研究其对重金属的吸附性能及吸附动力学、热力学,一些学者对黑曲霉吸附重金属的机制进行了初步探讨。然而,与其他吸附材料相比,真菌吸附剂的机械强度及吸附效能还有待提高,因此寻找和开发具有更高吸附效能和机械强度的真菌材料是生物吸附法实际应用发展的关键。

笔者课题组在前期关于黑曲霉去除水中重金属的研究中发现,以黑曲霉固相发酵产物黑曲霉孢子作为生物吸附剂,对重金属的去除效果要远好于液相发酵产物菌丝体。相较于真菌菌丝体,固相发酵产物孢子具有更高的吸附效能和机械强度,可以在较为苛刻的环境中应用。然而,目前关于真菌孢子吸附剂去除重金属的研究较少,对于真菌孢子去除重金属的吸附过程及机制缺少系统、深入的研究。基于此,笔者课题组以 AS 作为研究对象,分析其组分、结构及理化性质。为了提高生物吸附剂的吸附效能,采用冻融预处理及化学修饰法对生物吸附剂进行改进,考察不同化学修饰法对生物吸附剂吸附效能的影响,并获得了生物吸附剂的最佳改性方法;将 AS 与水基磁流体(磁性 Fe_3O_4 纳米颗粒)复合成一种磁性微生物吸附剂,并进行化学修饰以提高其吸附效能,实现了生物吸附剂固液分离;结合实验表征、DFT 及分子动力学模拟(MD)深入解析微生物吸附剂对水中 Cr(Ⅵ)的吸附机制,为生物吸附剂的开发和优化提供指导依据。

1.2 Cr(Ⅵ)的污染现状及水环境中 Cr(Ⅵ)处理研究进展

1.2.1 铬的污染现状

铬是地壳的天然组成成分之一,因此自然环境中存在的铬是从地壳中释放出来的。然而,随着全球工业的发展,工业生产产生大量含铬废水以及含铬固体废物,对环境造成了污染。制革业是使用铬量最大的产业之一,含铬化合物用于鞣制兽皮,该工艺中使用的含铬化合物不会完全被皮革吸收,大部分会进入废水。铁合金冶炼行业、金属精加工和电镀行业会产生大量含铬及其他金属离子的有毒固废并进入环境中,工厂附近的土壤及地下水中 Cr(Ⅵ)的浓度远远超过限值。综上所述,全球各地都面临着铬污染的挑战。

1.2.2 水环境中 Cr(Ⅵ)的处理研究进展

由于重金属无法在自然条件下降解,因此重金属污染已经成为人类亟待解决的环境问题。几十年来,针对重金属污染问题特别是水环境中 Cr(Ⅵ)的去除的研究已经取得了大量成果,许多处理方法包括化学还原沉淀法、电化学还原法、离子交换法、膜分离法、吸附法和生物法等已被用于处理水环境中 Cr(Ⅵ)污染。上述处理方法按去除原理主要分为化学法、物理法、物理化学法以及生物法。

1.2.2.1 化学法

化学法主要是利用其他化学物质与金属离子的结合来达到去除目的。化学法主要包括化学还原沉淀法、电化学还原法及化学浮选法等,主要用于处理水环境中高浓度 Cr(Ⅵ)污染。

化学还原沉淀法是由还原剂在酸性条件下将 Cr(Ⅵ)还原成 Cr(Ⅲ),然后向溶液中加入碱,形成 $Cr(OH)_3$ 沉淀。Verma 等人以焦亚硫酸钠为还原剂,加入碱,沉淀为氢氧化物。尽管该方法应用广泛、简单高效、处理成本低,但是一方面需要投入大量还原沉淀的化学试剂,带来二次污染,另一方面受制于其电离平衡常数,无法处理低浓度 Cr(Ⅵ)污染。

电化学还原法的原理是电子从带电阴极转移到 Cr(Ⅵ)物质,从而将 Cr(Ⅵ)还原为 Cr(Ⅲ)。电极材料本身不参与电极反应,只作为电子传递的媒介,因此避免了电极溶解导致的电极材料频繁更换。Yang 等人通过电化学还原法有效地促进了磁铁矿中 Fe(Ⅱ)的形成,进而提高磁铁矿的 Cr(Ⅵ)去除能力。电化学还原法运行可靠、操作简单,但电极板腐蚀严重、能耗高、运行成本高,因此该方法的实际应用受到限制。

化学浮选法是 Cr(Ⅵ)还原为 Cr(Ⅲ)并化学沉淀后的一种分离方法,利用絮凝剂黏附沉淀并上浮至水面,以去除 Cr(OH)$_3$ 沉淀。Pooja 等人利用化学浮选法处理电镀废液,以十二烷基硫酸钠作为捕收剂进行浮选处理,以去除铬、镉、镍、铅和铜等金属,去除率可达到 97.39%。化学浮选法作为一种固液分离技术,其设备简单、适应性强,然而处理过程中产生的大量浮渣有待后续解决。

1.2.2.2 物理法

物理法主要是利用物理作用去除重金属,主要包括离子交换法和膜分离法。Ren 等人制备了一种新型磁性离子交换树脂,研究了磁性离子交换树脂对 Cr(Ⅵ)的吸附特性,在优化条件下,吸附容量最高可达 197 mg·g^{-1}。离子交换法具有高去除效率和良好的选择性,但是离子交换树脂成本较高,易受污染或氧化失效,需频繁再生,反应周期长,操作费用高,而且不具有广谱性。

膜分离法已经在重金属处理领域广泛应用。Okhovat 等人利用 NF 去除废水中的 Cr(Ⅵ),在优化条件下,Cr(Ⅵ)去除率可达到 95%。Ozaki 等人采用反渗透膜处理 Cr(Ⅵ)浓度为 50 mg·L^{-1} 的溶液,Cr(Ⅵ)去除率可达到 98.3%。然而,在实际应用过程中,存在膜耐久性不足、膜污染以及设备和操作成本高等问题,因此开发兼具高效与低成本的新型膜材料是未来发展的方向。

1.2.2.3 物理化学法

物理化学法主要是通过物理化学作用去除重金属,其典型代表为吸附法。

该方法具有成本较低、操作简单、二次污染小、去除效率高、可再生回收等优点。已被用于从水环境中去除 Cr(Ⅵ) 的吸附材料包括活性炭、生物炭、沸石、纳米复合材料和高分子聚合物等。

活性炭是各种含碳材料通过热分解、燃烧和部分燃烧等过程获得的具有高孔隙率和大比表面积的碳质材料。水溶液中金属离子与活性炭表面活性位点之间的相互作用导致了金属离子的吸附。丰富的孔隙结构及大比表面积使活性炭具有强大的吸附能力,因此许多研究者采用活性炭去除水中的 Cr(Ⅵ)。为了进一步提高活性炭的吸附能力,Zhao 等人利用碱处理活化方法从玉米秸秆等农业废料中合成活性炭,增加活性炭的孔隙率,处理后表现出更高的 Cr(Ⅵ) 吸附性能。Owlad 等人利用 PEI 改性棕榈壳衍生活性炭,研究结果表明,PEI 修饰有效提高了吸附效能。目前,大量研究者强调了活性炭在水性介质中修复 Cr(Ⅵ) 的潜在用途。然而活性炭制备过程中的高能耗及由此带来的高成本,使其成为一种相对昂贵的去除 Cr(Ⅵ) 的物质。

生物炭是在没有空气或空气有限的情况下将生物质加热到 250 ℃ 以上的产物,近来作为另一种碳质吸附剂应用于水中 Cr(Ⅵ) 的去除。生物炭一般具有多孔结构,比表面积较大,因此吸附性能较强。目前,生物炭经过矿物吸附剂浸渍,再通过化学、物理和磁性改性,可以升级为工程生物炭,吸附能力更强。Yang 等人合成 FeS/壳聚糖/生物炭复合材料(FSBC)以去除 Cr(Ⅵ),结果表明 FeS 颗粒和壳聚糖对生物炭改性后有了更大的比表面积和更多的活性吸附位点。此外,β-环糊精-壳聚糖改性生物炭、氨基功能化磁性生物炭、甲醇改性生物炭、氨基改性生物炭、金属改性秸秆生物炭等,均比原始生物炭具有更好的 Cr(Ⅵ) 去除能力。因此,除原料和热解条件外,生物炭的吸附性能因不同的修饰改性而异,改性后生物炭表面特性增强,有效官能团的引入对于改善其对 Cr(Ⅵ) 的吸附能力至关重要。

天然沸石是一种结晶微孔铝硅酸盐,由 SiO_4 四面体和 AlO_4 形成的明确骨架结构组成。沸石由于其独特的化学和物理性质(如热稳定性、结晶性和离子交换性)被用作重金属吸附剂。由于天然沸石对阴离子物质几乎没有亲和力,为了提高其对 Cr(Ⅵ) 的吸附能力,Campos 等人采用阳离子表面活性剂对沸石改性,在天然沸石表面引入带正电荷的表面活性剂,提高对溶液中铬氧阴离子的亲和力,研究结果表明,阳离子表面活性剂改性沸石对 Cr(Ⅵ) 去除效率显著提高。

纳米材料由于具有独特的结构、较大的比表面积和纳米级量子效应而表现出独特的物理、化学和生物特性。纳米材料的吸附能力在很大程度上取决于其制备工艺。许多功能性纳米材料如铁/氧化铁、碳、钛/氧化钛、石墨烯/氧化石墨烯和金属有机框架已经被用于处理水环境中的 Cr(Ⅵ)。Wang 等人合成了稀土掺杂的二氧化钛涂层碳球复合材料(C@La-TiO$_2$ 和 C@Ce-TiO$_2$)用于去除废水中的 Cr(Ⅵ)，结果表明，pH = 5.0 时 Cr(Ⅵ)最大吸附容量为 50.5 mg·g^{-1}。Samuel 等人使用壳聚糖、氧化石墨烯和金属有机框架合成了一种新型纳米复合吸附材料，用于处理水溶液中的 Cr(Ⅵ)，最大吸附容量为 144.92 mg·g^{-1}。粒径、比表面积、表面电荷、溶解度和表面化学成分是影响 Cr(Ⅵ)去除效率的重要特性。

1.2.2.4 生物法

常规的化学法、物理法、物理化学法在处理水环境中 Cr(Ⅵ)污染方面都具有自身的优缺点。因此，在重金属污染治理领域，许多研究开始聚焦于成本较低且具有应用前景的生物法。

生物法是通过生物转化、生物累积以及生物吸附去除或降低重金属毒性的方法，其中生物吸附法具有环保、经济和高效的优点，因而成为重金属污染处理领域最具潜力的方法。生物吸附剂来源广泛，包括细菌、真菌、酵母菌、藻类以及农业废弃物等。

生物代谢产生的还原酶可以将 Cr(Ⅵ)还原为 Cr(Ⅲ)，从而降低其毒性。在厌氧或好氧状态下对铬污染物处理效率高的细菌包括假单胞菌、芽孢杆菌、大肠杆菌、嗜碱菌等。

Zeng 等人从铬渣堆中分离出一株嗜盐菌，研究结果表明该菌株去除 Cr(Ⅵ)的主要机制为生物还原。细菌生物还原去除 Cr(Ⅵ)通常反应时间较长，pH 值范围偏碱性，活细胞代谢过程中铬酸盐还原酶对 Cr(Ⅵ)的还原起关键作用，而且大部分细菌对 Cr(Ⅵ)耐受能力较差，还原能力较弱，限制了细菌在 Cr(Ⅵ)污染修复中的应用。

真菌相较于细菌具有更好的环境适应能力和更强的 Cr(Ⅵ)耐受能力，因此大量真菌被用于去除 Cr(Ⅵ)。生物吸附是真菌去除 Cr(Ⅵ)的主要作用机制，生物吸附过程与真菌细胞壁的结构和成分有关，真菌细胞壁上存在大量的功能基团，如聚糖、半乳糖胺、几丁质、蛋白质、脂质以及各种官能团，这些基团为重金属离子提供了结合位点。Cr(Ⅵ)主要被真菌细胞表面吸附，并与细胞表面的功能基团相互作用，吸附过程与生物代谢无关，因此有无生物活性的真菌都可用于生物吸附。由于真菌菌丝穿透力强，有利于其与 Cr(Ⅵ)的作用，因此对真菌去除水中 Cr(Ⅵ)的研究主要是以真菌菌丝为生物吸附剂，如青霉菌、云芝、匍枝根霉、米根霉、黑曲霉等。其中，黑曲霉由于具有无毒无害、廉价易得的特性，成为近几年的研究热点。Khambhaty 等人研究了灭活海洋黑曲霉对 Cr(Ⅵ)的吸附过程，Cr(Ⅵ)最大吸附量为 117.33 mg·g^{-1}。Chhikara 等人采用酸处理灭活黑曲霉菌丝，并在海藻酸钙基质中固定化，以固定化黑曲霉吸附剂为填料进行了去除 Cr(Ⅵ)的动态吸附研究，固定化生物吸附剂可循环使用 5 次。Park 等人研究了灭活黑曲霉菌丝对 Cr(Ⅵ)的吸附机制，提出了表面配合-还原机制，明确了溶液 pH 值是影响吸附效能的关键因素。通常酸性溶液有利于生物吸附 Cr(Ⅵ)，而含铬废水的 pH 值通常呈酸性，因此真菌吸附剂具有良好的应用前景。

藻类生长迅速，在水生生态系统中普遍存在，其细胞表面含有如金属硫蛋白、海藻酸盐、多糖等官能团，可以与 Cr(Ⅵ)结合，因而具有去除 Cr(Ⅵ)的能力。在关于藻类生物质去除 Cr(Ⅵ)的研究中发现，15 min 后毛藻可达到 72% 的 Cr(Ⅵ)积累，其次是小球藻可达到 34%~48%，月牙藻可达到 39%。利用螺旋藻去除 Cr(Ⅵ)，在优化条件下，Cr(Ⅵ)(10 mg·L^{-1})生物吸附率高达 82.67%。

植物及农业废弃物等生物质作为生物吸附剂已经用于去除水环境中 Cr(Ⅵ)的研究。Mokkapati 等人的研究表明，大量农业废弃物包括香蕉束、高粱茎和木麻黄，具有从水溶液中去除 Cr(Ⅵ)的潜在能力。为了提高生物质的吸附能力，一些研究者对生物质进行了改性。

综上所述，与其他常规方法相比，生物法显著的优势在于其来源的丰富性和经济性，特别是微生物材料，具有可控的生长条件和较高吸附效能，被认为是一种很有前景的去除 Cr(Ⅵ)污染的材料。通过比较不同生物吸附剂去除 Cr(Ⅵ)的吸附效能，真菌吸附剂表现出更好的吸附效能。如何提高真菌吸附剂的吸附效能,提高真菌吸附剂的机械强度、稳定性和可回收性是真菌吸附剂进一步发展的关键问题。

1.3 真菌吸附剂去除水中 Cr(Ⅵ)的机制

生物吸附剂对重金属的吸附机制主要从细胞表面电荷、细胞壁化学组分及吸附剂表面有效官能团三个方面进行分析。同时,理论计算的快速发展可以帮助我们更好地理解生物吸附剂的吸附机制。例如,一些研究人员使用分子动力学模拟方法来研究生物吸附剂的吸附机制,这有助于揭示生物吸附剂如何与污染物相互作用。

1.3.1 真菌吸附剂表面电荷对吸附机制的影响

生物吸附剂的质子化可以调节吸附剂细胞表面的带电性,而 Cr(Ⅵ)在水体中的存在形式随 pH 值而变化,酸性条件下,主要以重铬酸根($HCrO_4^-$)阴离子形式存在,可以通过静电吸引与细胞表面的正电荷官能团结合。真菌如黑曲霉、黄曲霉等在自然水体中细胞表面一般带负电荷,真菌质子化后,随溶液 pH 值的降低,Cr(Ⅵ)吸附容量增大。Park 等人研究发现,在黑曲霉菌丝去除Cr(Ⅵ)过程中,pH 值是影响吸附过程的重要因素。随后许多研究得到了相同的结论,即溶液的 pH 值是生物吸附剂对水中 Cr(Ⅵ)去除效果的最关键影响因素,pH 值主要影响生物吸附剂细胞表面的电荷,较低 pH 值有利于生物吸附剂对水中 Cr(Ⅵ)的去除,pH 值在 2~6 范围内时,铬主要以 $HCrO_4^-$ 的形式存在,酸性条件下溶液中大量的氢离子使细胞表面质子化,即表面电荷变正,更有利于吸附带负电荷的铬氧阴离子基团。

1.3.2 真菌吸附剂细胞组分对吸附机制的影响

真菌的细胞壁充当了模具作用,决定了细胞的形状,支撑细胞生长,吸收机械应力,促进细胞间的连接,决定了细胞与环境的相互作用,限制了有毒分子的进入。大多数真菌细胞壁由葡聚糖、几丁质、甘露聚糖、半乳甘露聚糖以及糖蛋白组成。

Chibuike 等人研究发现大多数真菌细胞壁由两部分组成:内层主要由几丁

质及葡聚糖组成,外层主要由高度糖基化蛋白原纤维组成,真菌细胞壁的结构差异主要表现在外层。Gow 等人研究了真菌细胞如白色念珠菌、烟曲霉等,也得到了类似的结论,如图 1-1 所示,烟曲霉气生菌丝与分生孢子内层结构类似,都是几丁质靠近细胞膜,与 β-1,3-葡聚糖分子的非还原端交联,形成细胞壁结构框架。外层结构具有明显差异:气生菌丝细胞壁外层主要由半乳甘露聚糖与半乳聚糖组成,其中半乳甘露聚糖属于低分子结构,是许多丝状真菌的典型代表,甘露聚糖不是糖蛋白的组成部分,而是直接附着在糖蛋白上;分生孢子细胞壁外层主要由高度疏水的小棒状层(疏水部分)和黑色素层组成。正是因为不同真菌细胞壁成分和结构的不同,真菌与外部环境互相作用时产生了不同的功能。

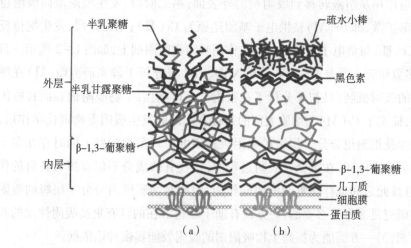

图 1-1　(a)烟曲霉菌丝和(b)烟曲霉分生孢子的细胞壁组织结构图

为了研究微生物吸附剂组分对重金属的吸附作用,人们通过物理化学手段将细胞壁的主要成分分离出来,单独研究其对重金属离子的作用。大量的研究报道证实,几丁质和壳聚糖由于分子结构特殊,具有丰富的氨基和羟基,对重金属离子具有高效去除能力。细胞壁的其他成分如葡聚糖、多聚糖及黑色素等,也被证实对重金属离子具有吸附作用。

1.3.3　真菌吸附剂表面官能团对吸附机制的影响

生物吸附剂对重金属的吸附不但与细胞表面电荷及细胞壁的有效成分有

关,而且与细胞表面官能团有关。Liu 等人合成了二乙烯三胺五乙酸-硫脲修饰的磁性壳聚糖(DTCS - Fe_3O_4),用于去除 Cr(Ⅵ),研究结果表明铬与—OH、—NH_2 和 O—C ═O 基团结合形成稳定的配合物。Biswaranjan 等人利用灭活烟曲霉在酸性条件下去除水中 Cr(Ⅵ),结果表明 Cr(Ⅵ)主要与细胞表面羧基作用,吸附方式以配位作用为主,XRD 分析证实存在 Cr(Ⅵ)还原为 Cr(Ⅲ)的情况,但程度有限。Lin 等人研究发现 Cr(Ⅵ)与多糖生物聚合物(纤维素、半纤维素和几丁质)的还原主要活性位点为多糖类的羟基官能团。

综上所述,真菌对水中 Cr(Ⅵ)的生物吸附是一个复杂的物理化学过程,真菌细胞的表面带电性质、细胞壁有效组分及所携带官能团的种类决定了其吸附效能。吸附过程可以分为三个阶段:第一阶段,在酸性环境下,铬氧阴离子基团通过静电作用从溶液转移到吸附剂的外表面;第二阶段,发生吸附质向吸附位点的内部扩散,即 Cr(Ⅵ)被供电子基团还原为 Cr(Ⅲ);第三阶段,发生配位反应,即 Cr(Ⅲ)与负电子基团通过配位作用吸附在吸附剂上,如图 1-2 所示。目前,大多数研究主要是通过 FT - IR、XRD、XPS 等分析手段来研究 Cr(Ⅵ)在细胞表面的吸附机制,只初步分析了在吸附 Cr(Ⅵ)前后生物吸附剂表面官能团的变化,证实了 Cr(Ⅵ)与细胞表面的某种官能团能发生吸附等物理化学作用,但是未涉及细胞组分分子层级的吸附机理研究。真菌细胞壁上同时存在多个有效组分及官能团,在重金属吸附过程中,这些有效成分不但发挥着各自的作用,而且彼此之间也存在复杂的协同作用,因此对细胞壁组分分子层级的吸附机理的研究是非常有必要的,一方面有助于筛选潜在的具有更高吸附性能的真菌吸附剂,另一方面能为提高生物吸附剂的吸附效能提供理论依据。

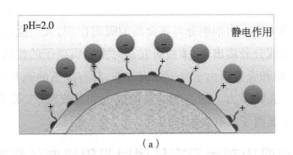

(a)

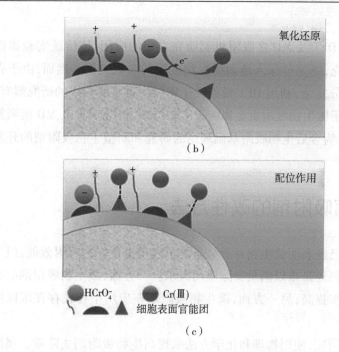

图1-2 真菌吸附剂对水中Cr(Ⅵ)的吸附过程

1.3.4 生物吸附剂理论计算研究进展

由于微生物细胞表面组分复杂,吸附过程一般为多分子层吸附。随着现代分析方法的快速普及,生物吸附机理的认识得到了极大的丰富。然而,传统的批处理实验和现代分析手段难以表征生物吸附固-液界面的复杂微观机制,由此理论计算被用于揭示复杂体系的吸附机制。DFT 是应用于物理学、化学和材料学中,用于研究多体系系统的一种基于量子力学的建模方法,可以得到高质量的性质预测。可以通过构建不同组分之间的相互作用模型来分析微观机理,在不破坏系统完整性的情况下,通过计算便可得到一系列需要的参数,极好地补充了实验研究,甚至可以涉足未完成的领域。Wang 等人结合实验与 DFT 研究了壳聚糖微球对 Cu(Ⅱ)的选择性去除机制以及重金属离子和吸附剂之间的多阶段相互作用。Chu 等人研究了微藻对磺胺甲噁唑的生物转化,根据 DFT 和 MD 揭示了磺胺甲噁唑羟胺基团的关键细节,详细阐明了微藻中涉及 CYP450 的磺胺甲噁唑生物降解途径,并加速了利用微藻介导的 CYP450 消除抗生素的过程。

综上所述,DFT 及 MD 在吸附机制研究方面的应用,使传统实验难以验证的部分得以补充,更完整深入地阐明生物吸附的微观机制。然而,由于微生物吸附剂本身成分复杂,利用 DFT 模拟微生物吸附重金属离子的研究鲜有报道,因此有必要基于微生物吸附重金属离子实验结果,利用 DFT 及 MD 阐明复杂微生物吸附过程,为今后生物吸附基础理论的研究和新型生物吸附剂的开发提供思路和启示。

1.4 真菌吸附剂的改性方法

大量研究已经表明微生物对重金属离子表现出良好的吸附效能,但是单一的生物吸附材料还是难以满足实际应用需求。一方面,微生物吸附剂的吸附效能还需要进一步提高;另一方面,微生物吸附剂在应用中往往存在难以固液分离的问题。

针对上述问题,使用物理和化学方法来提高生物吸附剂去除重金属离子的吸附效能是切实可行的。同时引入磁性纳米材料与生物吸附剂制成磁性复合生物吸附剂,可通过磁性对其进行固液分离。

1.4.1 物理方法预处理生物吸附剂

物理方法预处理生物吸附剂主要包括高压灭活、冻融和冻干等。许多研究表明,与活细胞相比,灭活的微生物吸附剂具有更高的吸附和解吸速率。Pang 等人通过高压灭菌锅灭活柠檬青霉研究了灭活真菌吸附剂从水溶液中生物吸附 U(Ⅵ)的吸附特性,最大吸附容量为 $103.1\ mg \cdot g^{-1}$。冻融法是通过反复冷冻与融化的过程,增加细胞壁渗透性和破坏细胞壁结构来提高吸附效果。Sheng 等人利用冻融法制备了聚乙烯醇-马尾藻生物吸附剂,其在较宽的 pH 值 (1~13)范围内对 Cu^{2+} 表现出了较好的吸附能力。Das 等人分别利用加热、高压灭活和冻干等方法预处理一种真菌菌丝体,与未处理菌丝体相比,预处理后的生物吸附剂对 Cd^{2+} 的吸附效能有所提高,其中冻干后吸附效能提高最显著。

1.4.2 化学修饰生物吸附剂

细胞表面官能团结构的特异性为生物吸附重金属离子提供了多样性的结

合位点,同时也对表面结合的重金属离子具有选择性。微生物细胞壁的蛋白质、多糖及脂类中含有大量带有负电荷的官能团,包括羟基、羧基、酰胺基、磷酰基等,由于静电排斥作用,对阴离子的吸附效能降低。化学修饰可以根据目标重金属离子改变生物细胞表面官能团结构和组成,有效提高生物吸附材料的吸附能力。

化学修饰生物吸附剂主要包括:(1)利用无机酸碱和有机溶剂通过简单浸泡方法改性生物,其优点是成本低、见效快、操作简单,但也容易造成生物质量损失及吸附效能不稳定;(2)利用长链大分子试剂对细胞表面修饰,其优点是可以引入大量有效基团,大大提高吸附效率,但是也存在工艺方法复杂、反应条件苛刻、生物吸附剂性能不稳定等问题。

在简单浸泡方法中,酸性试剂通常用于洗涤和处理生物质在发酵过程中产生的残留物或培养液。酸性试剂处理可以溶解生物质表面的多糖化合物,有效去除杂质并暴露更多结合位点,以提高生物细胞表面对重金属的吸附能力。最常用的碱性试剂是 NaOH 溶液,NaOH 可以去除细胞上的脂质体膜并引起几丁质的蛋白水解和去乙酰化,暴露出几丁质和壳聚糖,有助于提供结合位点,消除低分子有机化合物,并提高与重金属离子的亲和力。Nagase 等人发现用 NaOH 处理的蓝藻可以阻止其他共存阳离子的竞争吸附,促进目标重金属离子的吸附。Barquilha 等人发现藻类吸附剂与不同金属离子结合顺序为 $Pb(II) > Cu(II) > Ca(II)$,因此可以利用 $CaCl_2$ 作为改性试剂修饰藻类吸附剂。在吸附过程中,这些离子交换剂将保留在溶液中循环利用。

细胞表面修饰是通过化学方法改变生物质的细胞表面性质或者直接接枝功能化官能团,利用不同的官能团对不同金属离子的亲和性差异进行选择性去除。通过控制细胞表面官能团的类型和数量,针对某种金属离子的吸附能力就会改变。PEI 与生物细胞结合可以增大生物质的比表面积,进而增加吸附金属离子的有效结合位点。Deng 等人经过两阶段反应把 PEI 接枝到黄青霉上,改性后的真菌菌丝直径大于未改性的,某些菌丝之间也存在交联现象。改性后的黄青霉经过多次实验达到稳定状态,通过交联反应在细胞表面引入氨基和羟基。与未改性的生物质相比,PEI 修饰的黄青霉对 Cu^{2+}、Pb^{2+} 和 Ni^{2+} 的去除率分别增加了 268%、274% 和 308%。用于生物细胞表面修饰的其他材料包括环氧氯丙烷(EC)、丙烯酸(AAc)、乙二胺四乙酸、氨丙基三甲氧基硅烷(APTS)、

4-氨基吡啶。细胞表面各种多糖通过羟基在碱性条件下进行化学交联,对金属阳离子或氧阴离子均具有良好的去除效果。将丙烯酸接枝到生物细胞表面可以增加羧基数量,羧基对金属离子具有螯合作用,能提高对金属离子的吸附性能,然而由于丙烯酸是一种有毒物质,应谨慎使用。Bayramoglu 等人连续使用环氧氯丙烷和 4-氨基吡啶处理钝化螺旋藻表面,改性后生物质的有效氨基可增加 12.5 倍以上,这对吸附金属离子非常有利。

阳离子表面活性剂在化学修饰生物细胞表面官能团的应用中,通过增加吸附材料的表面电荷数量实现对 Cr(Ⅵ)的静电吸附。阳离子表面活性剂的亲水基团如氨基带正电荷,而生物质细胞表面一般带负电荷,当阳离子表面活性剂与生物质细胞表面结合时,生物质表面电荷将从负电荷变为带正电荷,因此,阳离子表面活性剂主要用于提升生物吸附剂去除金属阴离子的能力。

1.4.3 磁性复合生物吸附剂

为了解决生物材料在工程应用中难以固液分离的问题,一些研究者将生物材料与磁性材料结合,制成磁性复合生物吸附剂。铁氧化物纳米颗粒由于操作成本低、吸附能力强、环境稳定性高且无毒,广泛应用于水处理中。此外,铁氧化物纳米颗粒具有磁性,对外部磁场具有较强的磁响应,因此利用磁性可以将目标物质从混合物中分离出来,避免过滤和离心等高能耗分离步骤。

许多文献已经报道了磁性纳米颗粒及其复合生物吸附剂的制备方法,如共沉淀法、水热法、溶胶-凝胶法、机械力化学法和微波合成法,其中共沉淀法是应用最广泛的合成方法。Wei 等人利用粪肠球菌和磁性纳米粒子合成了 Pd/Fe@biomass,5 min 内可将 0.5 mmol·L^{-1} Cr(Ⅵ)完全还原,表现出对 Cr(Ⅵ)快速高效的还原能力。Saravanan 等人利用磁性纳米颗粒包埋混合真菌(MNP-FB),制成磁性生物吸附材料去除 Cr(Ⅵ),对初始浓度为 500 mg·L^{-1} 的 Cr(Ⅵ)最大吸附容量可达到 249.9 mg·g^{-1},其研究结果表明,MNP-FB 是一种高效、经济、适合于从水环境中去除 Cr(Ⅵ)的材料。

1.5 研究目的与意义及主要研究内容

生物吸附在重金属污染研究领域中虽然已取得了很多重要进展,但仍存在以下问题：

(1) AS 作为生物吸附剂，吸附效能还不够高。

(2) 生物吸附剂难分离，吸附后回收困难。同时，评价吸附剂的重要指标即分离回收性及循环稳定性，需要进一步研究。

(3) 关于 AS 生物吸附剂对 Cr(Ⅵ) 的吸附机制仍不明确。

基于以上问题，本书针对微生物吸附材料在处理水中重金属离子过程中吸附效能不佳、难以固液分离及吸附机制不明确的问题，制备了新型磁性复合生物吸附剂，以提高吸附效能，解决后续处置问题，实现回收循环利用。深入解析生物吸附 Cr(Ⅵ) 的机制，结合实验表征及理论计算，进一步明确 AS 吸附 Cr(Ⅵ) 的活性组分，为生物吸附剂的选择提供理论支持。

1.5.1 研究目的与意义

Cr(Ⅵ) 的毒性强且不可生物降解，在自然界中长期富集对人类健康和生态环境均造成了严重危害。物理化学法在处理低浓度含 Cr(Ⅵ) 废水过程中存在成本高、效率低、会产生二次污染等问题。因此，开发安全、高效、成本较低的生物吸附剂应是未来研究的重点。

黑曲霉在真菌吸附剂中研究最为广泛，多集中于液相培养菌丝球吸附性能研究，其固相发酵产物研究较少，而固相发酵产物黑曲霉孢子不但具有强大的生物吸附特性，而且可以同时克服常规生物吸附剂的固有缺陷，对水质适应能力强，耐冲击负荷，抗干扰能力强，操作简单，运行简便，成本较低，处理后可达到良好的出水水质，因此，AS 属于新兴的生物吸附剂，目前相关研究报道较少。

基于此，本书以 AS 为研究对象，分析其组成结构、理化性质。为提高生物吸附剂的吸附效能，利用物理化学法对其进行预处理，对比不同预处理方法对吸附剂去除水中 Cr(Ⅵ) 效能的影响。为了解决生物吸附剂在处理水中重金属离子后自沉降效果不佳从而无法从水中分离回收的问题，通过化学手段将 AS 与水基磁流体(Fe_3O_4 磁性纳米颗粒)复合成一种微生物吸附剂，并进行化学修饰以提高吸附效能，利用磁场作用实现生物吸附剂从水中的快速分离，并考察其循环吸附稳定性及抗干扰离子能力。然后，利用定性和定量的实验表征及理论计算深入解析孢子基生物吸附剂对 Cr(Ⅵ) 的吸附机制，为生物吸附材料的化学修饰及分离提供指导和依据。

1.5.2 主要研究内容

基于生物吸附剂存在的上述问题,本书开展以下三个方面研究:

(1)基于 AS 所制备系列吸附剂对水中 Cr(Ⅵ)的吸附特性研究。采用定性和定量的分析方法解析 AS 的组成成分,利用 FT-IR 分析孢子表面特征官能团结构;基于 SEM 和 FETEM 观察 AS 的表面形貌,测定细胞表面元素组成。分别采用冻融预处理及化学修饰方法对 AS 进行修饰,以 Cr(Ⅵ)为目标污染物,制备高效生物吸附剂,筛选出结构与性能最优的生物吸附剂进行后续研究。

(2)构建磁性复合生物吸附剂体系,考察对水中 Cr(Ⅵ)的吸附分离效能。通过化学方法将 AS 与 Fe_3O_4 磁性纳米颗粒复合成一种复合性微生物吸附剂(Fe_3O_4-AS),分析其理化性质,研究质量比对去除水中 Cr(Ⅵ)效能的影响。采用 CTAB 对 Fe_3O_4-AS 进一步修饰获得 CTAB/Fe_3O_4-AS,以 Cr(Ⅵ)作为环境高风险金属离子的典型代表,研究各影响因素,并通过响应面进行吸附条件优化。采用 CTAB/Fe_3O_4-AS 处理实际废水,研究共存 Cu(Ⅱ)和 Zn(Ⅱ)离子对 CTAB/Fe_3O_4-AS 吸附效能的影响,考察循环再生性能及抗干扰离子性能,具有一定的科学研究意义和推广应用价值。

(3)研究了 AS 基生物吸附剂去除水中 Cr(Ⅵ)的吸附机制。对吸附过程进行研究,描述了吸附剂的平衡吸附性能,明确孢子基生物吸附剂吸附性能影响因素以及吸附过程中速率常数的变化规律。通过热力学计算,确定吸附过程是否自发进行。结合实验表征手段,明确细胞表面生物吸附 Cr(Ⅵ)的机制,确定各个官能团对吸附的贡献,再利用 DFT 从分子层面解析生物吸附剂对水中 Cr(Ⅵ)的吸附机制,为生物吸附剂的表面修饰提供理论依据和指导。

1.5.3 技术路线

本书的技术路线如图 1-3 所示。

第1章 绪 论

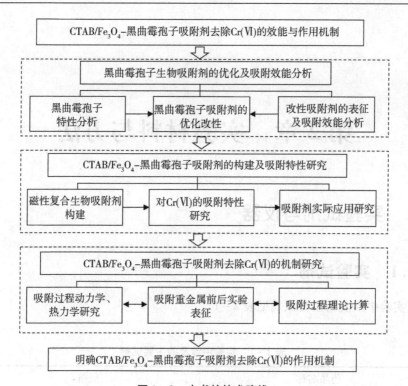

图1-3 本书的技术路线

第 2 章　实验材料与方法

2.1　实验试剂与仪器

2.1.1　实验试剂

实验中涉及的主要试剂见表 2-1。

表 2-1　实验中涉及的主要试剂

药品名称	规格
蔗糖	分析纯
葡萄糖	分析纯
琼脂	生物试剂
氯化铁	分析纯
硫酸亚铁	分析纯
磷酸氢二钾	分析纯
重铬酸钾	分析纯
硝酸钠	分析纯
无水硫酸钠	分析纯
氯化铵	分析纯
氯化钾	分析纯
硫酸镁	分析纯
氢氧化钠	分析纯
氨水	分析纯

续表

药品名称	规格
几丁质	分析纯
硫酸	分析纯
二氯甲烷	色谱纯
三氟乙酸酐	色谱纯
三氟乙酸	分析纯
乙酸钠	分析纯
聚乙酰亚胺	分析纯
CTAB	分析纯
SDBS	分析纯
甲壳素	生物级
葡聚糖	生物级
硫酸铜	分析纯

2.1.2 菌种来源

实验用菌株为黑曲霉(*Aspergillus niger*)菌株。

2.1.3 仪器与设备

实验中涉及的主要仪器和设备见表2-2。

表2-2 主要仪器设备

设备名称	型号
超声破碎机	QQDP-10L
超声波清洗器	GB0101
电子天平	ALC-2014
台式pH计	PHSJ-6L
恒温振荡器	HZQ-QX

续表

设备名称	型号
电热恒温真空干燥箱	BPG－9206A
控温磁力搅拌器	RCT basic IKAMAG® safety
电磁铁	XDA－120/70
超纯水系统	ELGA UVF
离心机	Sorvall ST8R
Zeta 电位仪	Nano－Z
元素分析仪	EA
分光光度计	T6 新世纪
原子吸收分光光度计	AA320N
离子色谱仪	HIC－ESP
高效液相色谱仪	E2695 Alliance
气相-色谱质谱联用仪	GCMS－QP2010 SE
傅里叶变换红外光谱仪	Spectrum ONE
扫描电子显微镜	FEI QUANTA 200
透射电子显微镜	HT7800
X 射线光电子能谱仪	250XI
氮气吸附脱附分析仪	ASAP 2020M
电子顺磁共振波谱仪	EMX 10/12
X 射线衍射仪	X″PERT Pro MPD

2.1.4　培养基的配制及灭菌方法

采用察氏固体培养基培养 AS,配方如下(每升水):蔗糖 30 g、$MgSO_4 \cdot 7H_2O$ 0.5 g、$NaNO_3$ 3.0 g、KCl 0.5 g、$FeSO_4$ 0.01 g、K_2HPO_4 1.0 g、琼脂 20 g,pH 值调节至 6.8～7.0。

采用马丁培养基培养黑曲霉菌丝球,配方如下(每升水):葡萄糖 10 g、$MgSO_4 \cdot 7H_2O$ 0.5 g、K_2HPO_4 1 g、蛋白胨 5 g,pH 值调节至 6.8～7.0。

将配制好的培养基灭菌后放入无菌室内冷却备用。

2.2 实验方法

2.2.1 黑曲霉孢子的培养

将黑曲霉菌种通过液体培养基进行活化,活化后接种于固体培养基中,在室温(25~30 ℃)下采用固体发酵法培养7~10日后,即可在培养基上得到富集后的 AS。如图 2-1 所示,AS 为形状规则的黑色粉末,经过固相发酵培养7日后成熟,干燥后,轻轻敲落收集,即为 AS 吸附剂。

图 2-1 黑曲霉孢子

2.2.2 冻融预处理法制备吸附剂

采用物理方法(冻融法)可使孢子壁透性化,具体方法为:将 AS 悬液放入 -20 ℃冰箱内,冷冻处理48 h。将冷冻处理后的孢子悬液置于室温条件下自然解冻,如此反复1~4次,最终获得冻融预处理的 AS 吸附剂,记为 FT-AS。

2.2.3 化学修饰法制备吸附剂

采用 HCl(0.1 mol·L^{-1})、NaOH(0.1 mol·L^{-1})、PEI(1%)、CTAB

(0.05%、0.1%、0.5%、1%、3%)对 AS 进行化学修饰。将 1.0 g AS 分别置于 100 mL 上述预处理溶液中,在室温旋转振动筛上搅拌 6 h,所得生物质用 0.45 μm 微孔滤膜过滤,用蒸馏水洗涤至中性。生物质在(50±5)℃条件下干燥 24 h,得到 HCl、NaOH 及 CTAB 修饰的生物吸附剂,分别记为 a – AS、b – AS 和 CTAB – AS,并保存在气密容器中。

2.2.4 磁性修饰法制备吸附剂

2.2.4.1 Fe_3O_4 磁性纳米颗粒及水基磁流体的制备

分别称取 $FeCl_3 \cdot 6H_2O$ 6.1 g、$FeSO_4 \cdot 7H_2O$ 4.2 g 置于三颈瓶中,溶于 100 mL 蒸馏水中,再向其中加入 10 mL 25% 的氨水,加热到 90 ℃连续搅拌 30 min,然后冷却到室温。过滤、洗涤和干燥后获得 Fe_3O_4 磁性纳米颗粒。水基磁流体的具体制备方法为:向上述制备好的 Fe_3O_4 磁性纳米颗粒中加入一定浓度的 SDBS 溶液,充分分散,制备成 2% 的水基磁流体。图 2 – 2(a)为 Fe_3O_4 磁性纳米颗粒的 TEM 图,图 2 – 2(b)为 Fe_3O_4 磁性纳米颗粒的粒径分布,图 2 – 2(c)为 Fe_3O_4 磁性纳米颗粒的磁滞回线。

(a)

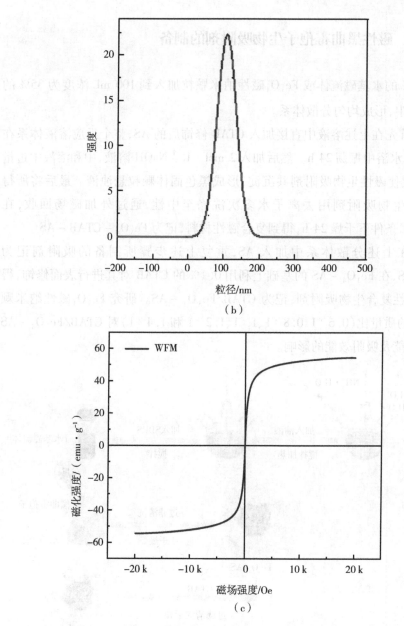

图 2-2 Fe$_3$O$_4$ 磁性纳米颗粒的 (a) TEM 图、(b) 粒径分布以及 (c) 磁滞回线

2.2.4.2 磁性黑曲霉孢子生物吸附剂的制备

将 2% 的水基磁流体或 Fe_3O_4 磁性纳米颗粒加入到 100 mL 浓度为 35% 的乙酸溶液中,形成均匀分散体系。

(1) 首先在上述溶液中直接加入 CTAB 修饰后的 AS,整个反应溶液体系在 30 ℃ 恒温水浴中振荡 24 h。然后加入 2 mol·L^{-1} NaOH 溶液,中和溶液中过量的乙酸,促使磁性生物吸附剂共沉淀,形成黑色固体颗粒悬浊液。最后将所得磁性复合生物吸附剂用去离子水多次洗涤至中性,通过外加磁场回收,在 (50 ± 5) ℃ 条件下干燥 24 h,得到复合磁性材料,记为 Fe_3O_4 - CTAB - AS。

(2) 在上述分散体系中加入 AS,重复上述步骤所制备的吸附剂记为 Fe_3O_4 - AS,在 Fe_3O_4 - AS 的基础上利用 0.1% 的 CTAB 对其进行表面修饰,得到新型磁性复合生物吸附剂,记为 CTAB/Fe_3O_4 - AS。研究 Fe_3O_4 磁性纳米颗粒与 AS 的质量比 (0.6∶1、0.8∶1、1∶1、1.2∶1 和 1.4∶1) 对 CTAB/Fe_3O_4 - AS 磁回收效能及吸附效能的影响。

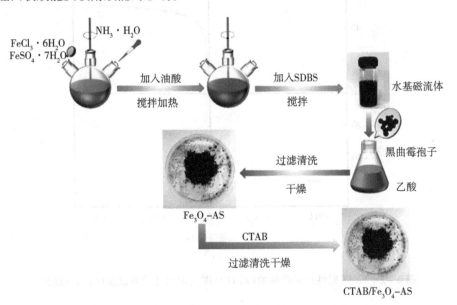

图 2 - 3 新型磁性复合生物吸附剂制备工艺流程图

新型磁性复合生物吸附剂制备工艺流程图如图 2-3 所示。将 5 g 干燥的 Fe_3O_4-AS 加入到 250 mL 浓度为 0.1% 的 CTAB 溶液中,振荡反应 24 h 后,利用外加磁场进行回收,并用去离子水多次洗涤至无泡状态,在 $(50±5)$ ℃ 条件下干燥 24 h,得到的黑色磁性固体粉末即为 CTAB/Fe_3O_4-AS,保存在气密容器中。

2.2.5 水中 Cr(Ⅵ)的吸附方法

研究生物吸附剂对溶液中 Cr(Ⅵ)的吸附特性,具体实验步骤为:取一定质量(0.1 g)的生物吸附剂加入 250 mL 锥形瓶中,再加入 100 mL 已知浓度(100 mg·L^{-1})的 Cr(Ⅵ)溶液,调节反应溶液的 pH 值(pH = 2),将锥形瓶放入摇床中,转速为 180 r·min^{-1},温度为 20 ℃、30 ℃ 及 40 ℃,反应时间为 30~240 min。反应完毕后,溶液经滤膜(0.45 μm)过滤,检测吸附后溶液中 Cr(Ⅵ)和总铬浓度。对 AS 进行不同的表面处理,直接影响吸附剂的吸附效能,对比不同吸附剂的吸附效能,选出具有最佳 Cr(Ⅵ)吸附效能的吸附剂备用。

Cr(Ⅵ)吸附过程受到 pH 值、初始浓度、吸附剂投加量、反应时间等因素影响。本书考察了上述因素对 Cr(Ⅵ)吸附效能的影响。通过调节反应溶液 pH 值有利于探究吸附剂与金属离子之间的作用机制。实验中使用 H_2SO_4 和 NaOH 调节反应溶液的 pH 值。在吸附反应过程中,每隔 30 min 定量取样实时测定反应液中 Cr(Ⅵ)的剩余浓度,计算吸附剂对 Cr(Ⅵ)的吸附容量,并对比各 pH 值条件下对应 Cr(Ⅵ)的平衡吸附容量,确定最佳 pH 值。进一步进行单因素实验,通过调节不同 Cr(Ⅵ)的初始浓度(25~250 mg·L^{-1})和吸附剂投加量(0.5~2.5 g·L^{-1}),探究吸附剂的吸附效能;分别在 20 ℃、30 ℃ 及 40 ℃ 条件下,测定吸附剂的吸附效能,探究吸附过程中的吸附热力学性质;分别向反应溶液中加入 100 mg·L^{-1} Mg^{2+}、Ca^{2+}、Pb^{2+}、Cu^{2+} 和 Zn^{2+},探究常见阳离子对吸附剂吸附 Cr(Ⅵ)的影响。

本书利用吸附/解吸实验评价吸附剂的循环使用稳定性,具体步骤为:室温条件下,配制 100 mL 反应溶液,将 0.1 g 吸附剂置于 pH = 2、浓度为 100 mg·L^{-1} 的 Cr(Ⅵ)溶液中,恒温振荡反应 24 h 后进行 Cr(Ⅵ)吸附实验。吸附达到平衡后,从反应溶液中分离回收吸附剂。随后,吸附剂在洗脱液(0.1 mol·L^{-1} NaOH)中,180 r·min^{-1} 转速、室温下振荡 4 h 后进行解吸实验。解吸后,用去离子水冲洗吸附剂,直至滤液呈中性。随后,将解吸后的吸附剂加入新配制的反应溶液中,进入下一个吸附/解吸循环,如此循环5次,吸附-解吸循环过程重复使用相同的洗脱液。

另外,为了实现重金属离子的固化及吸附剂的无害化处理,将吸附重金属离子的吸附剂置于氯化铝坩埚中,在马弗炉中400 ℃反应2 h,自然冷却至室温,用于回收吸附剂中的重金属。

2.3 材料表征方法

2.3.1 材料形貌表征

采用扫描电子显微镜(SEM)、透射电子显微镜(TEM)和能谱仪(EDS)对吸附剂的表面形貌及元素分布进行表征。在SEM检测之前,使用SC7620离子溅射镀膜仪对样品喷金,设置测试电压为20 kV,放大倍数为3000~40000倍。同时使用EDS测定材料的表面元素组成。通过TEM对材料的尺寸和粒径大小进行表征。

2.3.2 材料物相表征

X射线衍射仪(XRD)用于研究材料的晶体结构,其中衍射源为铜靶,设置电压和电流分别为40 kV和30 mA,扫描速度为$5°\cdot min^{-1}$。傅里叶变换红外光谱(FT-IR)用于观察吸附剂表面的有机官能团的组成,测试波数范围为$400 \sim 4000\ cm^{-1}$。

2.3.3 材料表面元素分析

同步辐射X射线吸收精细结构(XAFS),包括X射线吸收近边结构(XANES)和扩展X射线吸收精细结构(EXAFS),采用新加坡同步辐射光源(SSLS)进行测试。经Si(111)双晶单色器,储存环在2.5 GeV的能量下工作,平均电流低于200 mA。同步辐射用于测定原子的配位结构、大分子之间的化学键等,有效解析AS及$CTAB/Fe_3O_4$-AS吸附剂吸附Cr(Ⅵ)后,铬元素的配位原子、成键距离、配位数等信息。

X 射线光电子能谱(XPS)用于分析材料元素及价态信息,谱图以碳元素峰(C 1s,284.6 eV)进行校准,采用 XPS PEAK 软件对扫描结果进行分峰拟合。

2.3.4　Zeta 电位分析

Zeta 电位测定仪用来检测材料表面的带电性质。影响 Zeta 电位最重要的因素是 pH 值,将生物吸附剂置于不同 pH 值溶液中,平衡 4 h,测定不同 pH 值条件下的生物吸附剂表面的带电性。

2.3.5　吸附剂碘值测定

将制备好的 AS 吸附剂、不同冻融循环次数的 AS 吸附剂 5 种样品按照标准方法测定其碘值,通过碘值来比较不同生物吸附剂的吸附能力。

2.3.6　磁滞回线测试

将不同配比的磁性生物吸附剂放入仪器微量毛细管中,利用电子顺磁共振仪来测定样品表面自由基的强度。再用 WinEPR Acquisition 软件处理所得数据,绘制磁滞回线。

2.4　分析方法

2.4.1　主要检测指标及方法

2.4.1.1　多糖的定量反应

利用测定的吸光度绘制多糖的标准曲线。具体操作如下:配制一系列浓度的葡萄糖标准品(表 2-3),晃匀后在室温下静置 20 min,然后用可见光分光光度计测定吸光度,波长设置为 490 nm。最后取 1 mL AS 液体(2 mg·mL^{-1})测定含糖量。

表2-3 多糖标准品

标准品	储存条件	纯度
甘露糖	密封保存	AR
鼠李糖	密封保存	AR
半乳糖醛酸	密封保存	AR
半乳糖	密封保存	AR
葡萄糖	密封保存	AR
葡萄糖醛酸	密封保存	AR
阿拉伯糖	密封保存	AR
木糖	密封保存	AR
岩藻糖	密封保存	AR
盐酸氨基葡萄糖	密封保存	AR
N-乙酰-D-氨基葡萄糖	密封保存	AR
果糖	密封保存	AR
核糖	密封保存	AR
氨基半乳糖盐酸盐	密封保存	AR
古罗糖醛酸	密封保存	≥98%
甘露糖醛酸	密封保存	≥98%

(1)实验原理:糖类分子具有电化学活性,在强碱溶液中呈离子状态。糖类化合物为 $pK_a > 11$ 的弱酸,在高 pH 值的淋洗液中,它们会部分或全部以阴离子形式存在,根据不同糖类化合物 pK_a 的差异引起的离子交换作用的差异以及某些糖类与阴离子交换树脂之间的疏水性作用的不同,可实现糖类化合物的高效阴离子交换分离,然后对糖分子结构中的羟基在金电极表面发生氧化反应产生的电流进行检测。

(2)标准溶液的配制和计算方法:取表2-3中16种单糖标准品配制成标准溶液。取各单糖标准溶液精密配制不同浓度标准品作为混标。根据绝对定量方法,测定不同单糖质量,计算出物质的量比。

(3)样品准备:精密称量10 mg样品置于安瓿瓶中,加入10 mL三氟乙酸,120 ℃水解3 h。准确吸取酸水解溶液转移至管中氮气吹干,加入10 mL水涡旋混匀,吸取 100 μL 加入 900 μL 去离子水,12000 r·min^{-1}离心 5 min。取上清液进行色谱分析。

(4)标准品序列如表 2-4 所示。

表 2-4 标准品序列

名称	浓度/(mg·L^{-1})	保留时间/min	积分峰面积/(ncount·min)
岩藻糖	5.0	4.842	6.748
氨基半乳糖盐酸盐	3.0	8.942	9.797
鼠李糖	5.0	9.450	2.732
阿拉伯糖	3.7	10.075	7.060
盐酸氨基葡萄糖	5.0	11.242	18.252
半乳糖	5.0	12.650	9.675
葡萄糖	5.0	14.400	10.591
N-乙酰-D-氨基葡萄糖	5.0	15.525	5.989
木糖	5.0	16.825	10.893
甘露糖	5.0	17.384	5.635
果糖	15.0	19.584	3.041
核糖	10.0	21.675	18.097
半乳糖醛酸	5.0	43.617	7.903
古罗糖醛酸	10.0	44.242	20.339
葡萄糖醛酸	5.0	46.267	9.672
甘露糖醛酸	10.0	49.050	10.414

(5)实验结果如表 2-5 所示。

表 2-5 实验结果

名称	保留时间/min	物质的量比	积分峰面积/(mA·s)
岩藻糖	4.842	0.000	0
氨基半乳糖盐酸盐	8.942	0.000	0
鼠李糖	9.450	0.000	0
阿拉伯糖	10.075	0.000	0
盐酸氨基葡萄糖	11.217	0.132	1.157
半乳糖	12.667	0.110	0.427
葡萄糖	14.417	0.555	2.367
N-乙酰-D-氨基葡萄糖	15.525	0.000	0
木糖	16.825	0.000	0
甘露糖	17.450	0.203	0.461
果糖	19.584	0.000	0
核糖	21.675	0.000	0
半乳糖醛酸	43.617	0.000	0
古罗糖醛酸	44.242	0.000	0
葡萄糖醛酸	46.267	0.000	0
甘露糖醛酸	49.050	0.000	0

2.4.1.2 蛋白质的定量反应

采用 BCA 试剂盒对蛋白质进行定量分析,通过比色检测进行总蛋白质的定量分析。用酶标仪测定 $A_{562\,nm}$,根据标准曲线计算出蛋白质浓度。

(1)配制工作液:根据标准品和样品数量,按 BCA 试剂与 Cu 试剂 50∶1 的比例配制成 BCA 工作液。

(2)稀释标准品:取 10 μL BSA 标准品用 PBS 稀释至 100 μL,使终浓度为 $0.5\ mg\cdot mL^{-1}$。将标准品按 0 μL、2 μL、4 μL、6 μL、8 μL、12 μL、16 μL、20 μL 的体积加到 96 孔板上,加 PBS 补至 20 μL。

(3)称取样品,用 PBS 稀释,加 20 μL 至 96 孔板。

(4)各孔加入 200 μL BCA 工作液,37 ℃放置 15~30 min。用酶标仪测定 $A_{562\,nm}$,根据标准曲线计算出蛋白质浓度。BCA 标准曲线如图 2-4 所示。

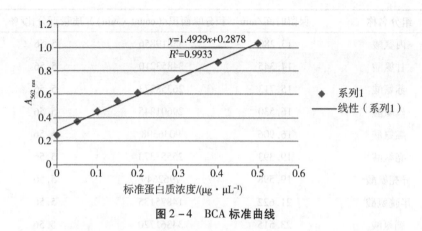

图 2-4 BCA 标准曲线

2.4.1.3 黑曲霉孢子中单糖的测定

精密称量 10 mg AS 置于安瓿瓶中,酸水解处理后,取上清液进行色谱分析。采用离子色谱仪测定待测液,确定真菌孢子中单糖含量。

2.4.1.4 黑曲霉孢子中氨基酸的测定

(1)实验方法:精确称量 10 mg 干燥后粉碎的样品置于玻璃反应瓶中,酸解后加入 4 mL 3 mol·L^{-1}的盐酸正丁醇溶液,在 100 ℃恒温箱中反应 30 min,并每隔 5 min 振荡一次,最后放置于室温中直至冷却。反应溶液经旋转蒸发仪 60 ℃旋干,之后加入 1 mL 无水二氯甲烷(CH_2Cl_2)和 1 mL 三氟乙酸酐(TFAA)室温下反应 5 min。将反应后的产物加入少量蒸馏水充分振荡萃取后,CH_2Cl_2层定容至 1 mL,放入液相小瓶准备检测。

将反应后的产物加入少量蒸馏水充分振荡后,除去上层水溶液,如此重复 4 次。CH_2Cl_2层以适量的无水硫酸钠干燥,定容至 1 mL,放入液相小瓶。分析采用 GCMS - QP 2010 气相色谱 - 质谱联用仪进行。

(2)标准品分析结果如表 2-6 所示。

表2-6 标准品分析结果

组分名称	保留时间/min	积分峰面积/(count·min)	质量百分比/%
丙氨酸	13.280	35819856	5.56
甘氨酸	14.345	34853210	5.56
苏氨酸	15.713	26358273	5.56
丝氨酸	16.530	29601845	5.56
缬氨酸	16.906	9036398	5.56
亮氨酸	19.393	25553373	5.56
异亮氨酸	19.598	7962649	5.56
半胱氨酸	21.622	14875135	5.56
脯氨酸	23.515	34361720	5.56
蛋氨酸	27.213	29248664	5.56
天冬酰胺	30.206	65174946	11.11
苯丙氨酸	30.276	8281137	5.56
酪氨酸	33.282	13536066	5.56
赖氨酸	33.879	40490614	5.56
谷氨酸	33.916	3415066	11.11
色氨酸	40.749	8122285	5.56

(3)样品检测结果如表2-7所示。

表2-7 样品检测结果

组分名称	保留时间/min	积分峰面积/(count·min)	质量百分比/%
丙氨酸	13.348	1909917	2.45
苏氨酸	15.797	1748850	3.05
丝氨酸	16.544	1370347	2.13
缬氨酸	16.991	1324739	6.75
亮氨酸	19.429	2469384	4.45
脯氨酸	23.550	1676006	2.24
天冬酰胺	30.139	3463184	2.45

续表

组分名称	保留时间/min	积分峰面积/(count·min)	质量百分比/%
苯丙氨酸	30.350	896868	4.98
谷氨酸	33.882	5304787	71.49

2.4.1.5 铬溶液配制及测定方法

实验所用 Cr(Ⅵ)溶液配制方法为:将重铬酸钾烘干至恒重,配制成 Cr(Ⅵ)储备液(1000 mg·L^{-1}),然后将储备液配制成 0~1.0 mg·L^{-1} 的标准液,在波长 540 nm 处测定其吸光度,绘制标准曲线,如图 2-5 所示。采用原子分光光度计(AAS)对溶液中总铬进行测定。采用储备液配制不同浓度实验用 Cr(Ⅵ)溶液。

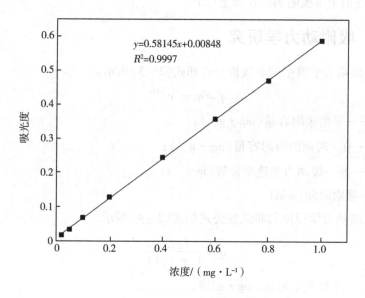

图 2-5 Cr(Ⅵ)标准曲线

2.4.2 实验数据分析

由式(2-1)和式(2-2)计算生物吸附剂对 Cr(Ⅵ)的去除率(R)和平衡吸附容量(q_e)。对比吸附剂对 Cr(Ⅵ)的吸附效果,筛选吸附性能最佳的吸附剂,用于后续研究。

$$R = \frac{(C_0 - C_e)}{C_0} \times 100\% \qquad (2-1)$$

$$q_e = \frac{(C_0 - C_e)V}{m} \qquad (2-2)$$

式中,R——去除率(%);

q_e——平衡吸附容量($mg \cdot g^{-1}$);

C_0——Cr(Ⅵ)初始浓度($mg \cdot L^{-1}$);

C_e——Cr(Ⅵ)平衡浓度($mg \cdot L^{-1}$);

V——溶液体积(L);

m——孢子基吸附剂的投加量(g)。

2.4.3 吸附动力学研究

准一级动力学模型的非线性公式如式(2-3)所示。

$$q_t = q_e - e^{-k_1 t} \qquad (2-3)$$

式中,q_e——平衡吸附容量($mg \cdot g^{-1}$);

q_t——在 t 时刻的吸附容量($mg \cdot g^{-1}$);

k_1——准一级动力学速率常数(min^{-1});

t——吸附时间(min)。

准二级动力学模型的非线性公式如式(2-4)所示。

$$q_t = \frac{k_2 q_e^2 t}{1 + k_2 q_e t} \qquad (2-4)$$

式中,q_e——平衡吸附容量($mg \cdot g^{-1}$);

q_t——在 t 时刻的吸附容量($mg \cdot g^{-1}$);

k_2——准二级动力学速率常数(min^{-1});

t——吸附时间(min)。

2.4.4 吸附等温模型

式(2-5)为 Langmuir 等温方程的非线性公式。

$$q_e = \frac{K_L q_m C_e}{1 + K_L C_e} \tag{2-5}$$

式中，q_m——理论饱和吸附容量($mg \cdot g^{-1}$)；

q_e——平衡吸附容量($mg \cdot g^{-1}$)；

C_e——Cr(Ⅵ)平衡浓度($mg \cdot L^{-1}$)；

K_L——Langmuir 常数。

式(2-6)为 Freundlich 等温方程的非线性公式。Freundlich 模型不限于单分子层，其更多应用于多层吸附。在该模型中，生物吸附剂表面是非均匀的，生物吸附剂表面活性位点的能量也是不同的，吸附平衡时金属离子分布在固相和液相之间。

$$q_e = K_F C_e^{1/n} \tag{2-6}$$

式中，q_e——平衡吸附容量($mg \cdot g^{-1}$)；

C_e——Cr(Ⅵ)平衡浓度($mg \cdot L^{-1}$)；

K_F——Freundlich 常数；

n——线性常数，$0 < 1/n < 1$ 表明吸附过程自发，数值越小，吸附过程越易发生。

2.4.5 吸附热力学研究

式(2-7)、式(2-8)和式(2-9)为吸附热力学公式。

$$\Delta G^0 = -RT \ln K_0 \tag{2-7}$$

$$K_0 = \frac{C_A}{C_e} \tag{2-8}$$

$$\ln K_0 = \frac{\Delta S^0}{R} - \frac{\Delta H^0}{RT} \tag{2-9}$$

式中，C_A——吸附剂达到吸附平衡后目标吸附质浓度($mg \cdot L^{-1}$)；

C_e——吸附剂达到吸附平衡后水溶液中吸附质平衡浓度($mg \cdot L^{-1}$)；

T——温度(K)；

ΔG^0——吉布斯自由能($kJ \cdot mol^{-1}$);

ΔH——焓变($kJ \cdot mol^{-1}$);

ΔS——熵变($kJ \cdot mol^{-1}$);

R——通用气体常数,$8.314\ J \cdot mol^{-1} \cdot K^{-1}$;

K_0——热力学平衡常数,无量纲。

2.4.6 工艺设计计算公式

甘布公式如式(2-10)所示。

$$G = \sqrt{\frac{p}{\mu}} \qquad (2-10)$$

式中,G——速度梯度(s^{-1}),500~1000 s^{-1},一般取500 s^{-1};

p——单位体积流体所耗功率($W \cdot m^{-3}$);

μ——水的动力黏度($Pa \cdot s$),在101.325 kPa、20 ℃的条件下为$1.01 \times 10^{-3}\ Pa \cdot s$。

搅拌机功率可根据式(2-11)计算。

$$P = pV \qquad (2-11)$$

式中,P——电动机搅拌功率(W);

p——单位体积流体所耗功率($W \cdot m^{-3}$);

V——反应器搅拌区容积(m^3)。

根据式(2-10)和式(2-11)可得式(2-12)。

$$P = \mu G^2 V \qquad (2-12)$$

反应时间内颗粒碰撞总次数可由式(2-13)求得。

$$n = G \times T \qquad (2-13)$$

式中,n——反应时间内颗粒碰撞总次数;

G——速度梯度(s^{-1});

T——搅拌时间(s)。

2.4.7 响应面分析

在多因素数量处理实验的分析中,可以分析实验指标(因变量)与多个实验因素(自变量)间的回归关系,这种回归可能是曲线或曲面的关系,因而称为响应面分析。响应面法(RSM)是一种基于多元回归的非线性多变量设计的科学方法,可作为解决多变量问题的高效的可视化优化方法。

2.5 计算方法

2.5.1 分子表面静电势分布

使用 Gaussian 量子化学计算程序包进行 DFT 计算。首先进行结构优化,得到最稳定的构象,再将稳定的构象作为初始结构在更大的机组下进行单点计算,具体为:构建分子式,选取 B3LYP 泛函和 6-31 G*基组对所构建的模型进行优化,然后利用 Multiwfn 波函数分析软件获得输出文件中的格点数据,最后使用 GaussView 5.0 绘制分子表面静电势分布图。

2.5.2 材料表面接触过程模拟

采用 DFT 模拟研究了吸附剂对 Cr(Ⅵ)的吸附机理,计算过程通过 Materials Studio 2017 R2 中的 Dmol 3 安装包实现。首先在广义梯度近似(GGA)的基础上,采用 BLYP 泛函对分子几何模型进行"自旋不限制极化"DFT 优化。使用谷氨酸超晶胞,采用带有 Grimme 格式的 DFT-D 校正来解释色散相互作用,采用 DSPP 核处理方式 DNP 基组,每个电子能量的 SCF 自洽收敛标准为 1.0×10^{-5} Ha。

利用上述方法求出最小势面,得到模型吸附 Cr(Ⅵ)前后的几何优化结构和吸附能。由公式(2-14)计算 Cr(Ⅵ)与吸附剂各吸附位点之间的吸附能 E_{ad},E_{ad} 最大的位点被称为最稳定的位点。

$$E_{ad} = E_{A+B} - (E_A + E_B) \qquad (2-14)$$

式中,E_{ad}——吸附能($kJ \cdot mol^{-1}$);

E_{A+B}——几何优化模型吸附 Cr(Ⅵ)后的单点能($kJ \cdot mol^{-1}$);

E_A 和 E_B——分别代表单独吸附剂和 Cr(Ⅵ)的单点能($kJ \cdot mol^{-1}$)。

2.5.3 福井函数

福井函数常用来描述分子的反应活性位点,使用 Gaussian 量子化学计算程序包,在 2.5.1 小节中,分子结构已在 B3LYP 泛函和 6-31 G* 基组下优化好,其函数描述符如式(2-15)所示。

$$f(r) = \left[\frac{\partial \rho(r)}{\partial N}\right]_v \quad (2-15)$$

式中,N——电子数目;

v——外部势能变化的偏导数常数。

通过有限差分近似,福井函数分为亲电攻击、亲核攻击和自由基攻击三种情况,其相应计算公式如表 2-7 所示。

表 2-7 福井函数的相关方程和攻击类型

方程	攻击类型
$f_{k^+} = q_k(N+1) - q_k(N)$	亲核攻击
$f_{k^-} = q_k(N) - q_k(N-1)$	亲电攻击
$f_{k^0} = [q_k(N+1) - q_k(N-1)]/2$	自由基攻击

注:q_k 为分子中原子 k 的集总电荷,$q(N)$、$q(N-1)$ 和 $q(N+1)$ 分别代表同一个分子处于中性、失去一个电子和得到一个电子的电荷。

2.5.4 分子动力学计算

分子动力学(MD)对于直观地了解化学反应的进行具有非常重要的作用,从分子动力学中可以看到分子在吸附剂上发生反应的动态变化过程。使用 Materials Studio 2017 R2 对分子进行建模。基于 Charmm 36 力场,使用 Gromacs-4.6.7 软件包进行 MD 模拟。构建完成后,首先进行能量最小化,找到局部势能最小值,实现分子平衡,具体操作为:使用最陡下降法,终止梯度为 100 kJ·mol^{-1}·nm^{-1},对结构进行几何化,平衡 MD 模拟的时间步长为 2 fs,总运行时间为 10 ns。

其次进行 NVT 控温,给定体系初始温度,并保持在波动范围内,使用 Nose-Hoover 恒温器将平衡温度维持在 298 K,并在三个维度上施加周期性边界条件。接下来进行 NPT 控压,使用 Berendsen 压力耦合,控制压力为 1 bar,并在三个维度上施加周期性边界条件。

最后体系达到理想温度和压强后,进行 MD 模拟,采用基于原子的方法估计色散力,利用 Ewald sum 法评估库仑相互作用。采用 PME 方法计算 1×10^{-6} 相对公差范围内的远距离静电。对实空间 Ewald 相互作用采用 1.2 nm 的截止距离,范德瓦耳斯相互作用也使用了相同的值。采用 LINCS 约束算法约束氢原子的键长,蛙跳算法采用的时间步长为 2 fs。

第3章 黑曲霉孢子吸附剂的制备及吸附效能

3.1 引言

通过第1章文献分析可知,真菌生物吸附剂的主要成分包括多糖、蛋白质、核酸和脂类等。不同真菌所含组分、结构及表面性质不同,因此具有不同的性质。明确真菌吸附剂的组成及理化特征是研究真菌生物吸附剂的重要基础。

本章将黑曲霉固态发酵培养产生的孢子作为研究对象,采用定性和定量的方法对 AS 进行表征,利用气相质谱和离子色谱法对 AS 细胞组成进行定性和定量分析;利用电位滴定法半定量细胞表面的酸性和碱性官能团;利用 Zeta 电位分析其表面电荷;基于 SEM 和 TEM 观察细胞表面形貌,测定细胞表面元素组成;利用 FT-IR 分析细胞表面特征官能团结构。本章在以上研究的基础上,为进一步提高 AS 的吸附容量,采用物理法及化学修饰方法对 AS 进行表面处理,以便提高生物吸附剂的吸附效能。通过考察这两种处理方法对吸附剂吸附水中重金属离子效能的影响,确定提高生物吸附剂吸附效能的最佳方法。

3.2 黑曲霉孢子生物吸附剂的理化性质分析

3.2.1 黑曲霉孢子吸附剂的形貌表征

采用 SEM 对 AS 的形貌进行表征分析。图 3-1(a) 为 AS 放大 1 万倍的 SEM 图,可以看出 AS 直径为 2~3 μm,在其表面具有形状规则的褶皱和坑洞凹槽,有利于吸附金属离子。TEM 图如图 3-1(b)所示,在 AS 表面能看到一层厚厚的外壁。Wargenau 等人认为 AS 有一层密度很大的外壁,因此孢子有极强的抗逆性、抗酸碱及不良环境的能力。Fang 等人利用纳米划痕技术研究了 AS 表面的机械性能,孢子表面粗糙度约为 33 nm,硬度范围为 0.01~0.17 GPa,表明 AS 具有很大的机械强度,可以在较为苛刻的环境中应用。

(a)

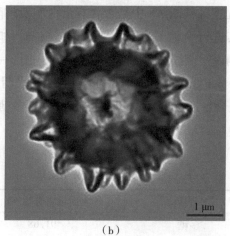

(b)

图 3-1 AS 的(a)SEM 图和(b)TEM 图

利用 EDS 对 AS 的元素进行分析,根据分析结果可知,AS 主要由 C、N、O 三种元素组成,元素组成较为简单。EDS 分析所得质量百分比及原子个数百分百如表 3-1 所示。

表 3-1 AS 的 EDS 分析结果

元素	质量百分比/%	原子个数百分比/%
C	62.55	66.98
N	25.47	23.39
O	11.98	9.63

3.2.2 黑曲霉孢子的成分分析

AS 细胞壁由多糖组成。细胞壁分为两层,包括内层骨架部分和外层碳水化合物基质部分。内层由 β-1,3-葡聚糖或 1,6-葡聚糖和几丁质结合蛋白质或其他多糖组成。外层因菌种不同,组成有所区别。例如,酵母和念珠菌种,其细胞壁大部分由甘露聚糖组成;烟曲霉的细胞壁主要由 α-1,3-葡聚糖、半乳甘露聚糖和氨基半乳聚糖组成。葡聚糖、甲壳素和甘露聚糖的聚合物是构成真菌细胞壁最常见的多糖。

通过紫外分光光度计判断 AS 中是否含有蛋白质及核酸等。准确称取 AS 分散到溶液中,对其进行全波长(200~700 nm)扫描。如果在 260 nm 或者 280 nm 处有吸收,则说明该样品中含有蛋白质成分。图 3-2 为紫外全波长扫描结果,在 270~300 nm 处出现蛋白质特征吸收宽峰,表明 AS 中含有蛋白质。对 AS 的其他成分及含量进行分析,发现其主要成分为多糖、蛋白质及水,结果见表 3-2。

表 3-2 AS 组分定量分析结果

名称	质量百分比/%
多糖	91.68
蛋白质	1.77
水分	6.45
其他	0.10

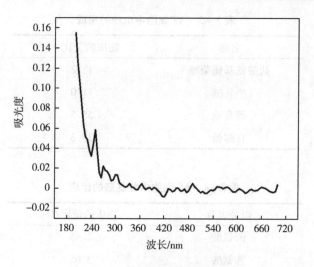

图3-2 AS细胞紫外全波长扫描

综上,可以定量地判断出AS含水率较低,最主要的成分为多糖,属于多糖型生物吸附剂。

多糖中单糖的种类以及蛋白质中氨基酸的种类和含量对于AS吸附剂的功能和应用都有着重要影响。为了分析AS细胞中单糖和氨基酸的组成,分别利用IC和GC-MS对细胞样品进行测定。具体操作为:(1)测定单糖的组成及比例。已知糖类化合物一般为弱酸,在碱性淋洗液中,它们部分或全部以阴离子形式存在。经过IC分析和数据处理得到的孢子单糖的物质的量比如表3-3所示,孢子共含有4种单糖,分别为盐酸氨基葡萄糖(13.2%)、半乳糖(11.0%)、葡萄糖(55.5%)和甘露糖(20.3%)。(2)测定氨基酸的组成及比例。将氨基酸混合标准品和真菌孢子细胞经水解和衍生化后,测试得到的AS细胞中氨基酸的组成及各氨基酸的物质的量比如表3-4所示,AS含有谷氨酸(71.49%)和缬氨酸(6.75%)等9种氨基酸。

表 3-3　AS 细胞中单糖的组成

名称	物质的量比/%
盐酸氨基葡萄糖	13.2
半乳糖	11.0
葡萄糖	55.5
甘露糖	20.3

表 3-4　AS 细胞中氨基酸的组成

组分名称	物质的量比/%
丙氨酸	2.45
苏氨酸	3.05
丝氨酸	2.13
缬氨酸	6.75
亮氨酸	4.46
脯氨酸	2.24
天冬酰胺(天冬氨酸)	2.45
苯丙氨酸	4.98
谷氨酸(谷氨酰胺)	71.49

通过单糖和氨基酸种类的分析初步了解了 AS 的化学组成特点以及组成活性部分的占比分布情况,为 AS 吸附特性研究提供了科学依据。基于单糖种类分析可知,其他 3 种单糖含有的官能团主要为羟基,盐酸氨基葡萄糖除羟基外还含有氨基。单糖种类通过酸水解后采用离子色谱定性分析,单糖种类中包含盐酸氨基葡萄糖,因此推测水解前的多糖可能为几丁质,应含有酰胺基官能团。基于上述分析结果,笔者对 AS 进行了红外表征分析。

3.2.3　黑曲霉孢子的表面特性分析

FT-IR 是分析吸附剂表面官能团的重要手段,吸附剂表面官能团种类越丰富,越有利于对水中污染物的吸附。同时,FT-IR 分析有利于缩小适合吸附剂吸附的特征污染物的范围。对 AS 单糖组分分析后推测 AS 含有的多糖主要为几丁质及葡聚糖。因此,以葡聚糖和几丁质标准品对 AS 进行分析。

如图 3-3 所示,特征吸收峰分别出现在 3304 cm^{-1}、2946 cm^{-1}、1769 cm^{-1}、1658 cm^{-1}、1568 cm^{-1}、1393 cm^{-1}、1248 cm^{-1}、1059 cm^{-1}等处。表 3-5 列出了 AS 的特征峰分布和对应的官能团结构,分别对应黑曲霉孢子表面多糖及蛋白质的主要官能团结构。根据 AS 理化性质的分析结果,其主要成分为多糖(主要为葡聚糖及几丁质)及少量蛋白质,在 3304 cm^{-1}处吸收峰强度较大,是由于 AS 主要组分为多糖,该峰对应多糖中的—OH。在 1769 cm^{-1}处有强度较弱的吸收峰,对应含量较少的蛋白质的 C=O。在 1658 cm^{-1}、1568 cm^{-1}、1248 cm^{-1}处分别对应几丁质或蛋白质的酰胺Ⅰ、酰胺Ⅱ和酰胺Ⅲ谱带,是几丁质的酰胺基团的特征吸收峰。因此,单糖组分中的盐酸氨基葡萄糖单糖在酸化水解前对应 AS 中所包含的多糖几丁质,证明前期对 AS 组成的多糖推测结果成立。1059 cm^{-1}处吸收峰对应多糖的 C—O—C。

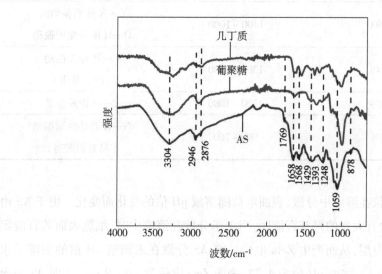

图 3-3　AS 的 FT-IR 图

通过对 AS 的定性和定量分析可知,AS 主要由 C、N、O 元素组成,与能谱分析结果相符。根据以上分析可知,AS 主要官能团包括羟基及酰胺基等。许多研究表明真菌生物吸附剂及胞外聚合物(EPS)对水中有机污染物及重金属离子的吸附与多糖及蛋白质的酰胺基有关。Luo 等人分离了细菌胞外聚合物,发现 AS 表面丰富的官能团为水中重金属离子的吸附提供了有利条件。

表 3-5　AS 特征峰分布和对应的官能团结构

AS 特征峰/cm^{-1}	特征峰分布/cm^{-1}	官能团结构
3304	3500~3000	—OH 和—NH—伸缩振动
2946	3000~2800	C—H 伸缩振动
2876		（甲基、亚甲基）
1769	1780~1670	C=O 伸缩振动（羧基）
1658	1680~1650	C=O 伸缩振动（酰胺Ⅰ带）
1568	1580~1550	N—H 弯曲振动（酰胺Ⅱ带）
1393	1400~1000	C—N 伸缩振动或 O—H 面外变形振动
1248	1300~1200	C—H 伸缩振动（酰胺Ⅲ带）
1059	1200~1000	C—O 伸缩振动
878	900~700	N—H 面外变形振动（只有伯胺有）

胶体颗粒在溶液中分散，表面电荷随溶液 pH 值的变化而变化。由于 AS 由多糖组成，含有大量的羟基官能团，当孢子分散在溶液中时，细胞表面的官能团电离形成双电层，从而产生 Zeta 电位。将 AS 分散在未调整 pH 值的去离子水中，平衡 15 h 后，溶液 pH 值为 4.22，表面 Zeta 电位为 -29.9 mV，说明 AS 表面带负电荷，这与其他文献结果一致。将 AS 分散在不同 pH 值的溶液中，检测其表面 Zeta 电位，结果如图 3-4 所示，随着 pH 值的降低，生物质在溶液中质子化，其表面负电荷变少，总电荷变正。Espinoza 等人从土壤中分离根霉菌，在 pH 值范围为 2.0~4.0 时，对 Cr(Ⅵ) 的吸附效能最佳。Cr(Ⅵ) 在水溶液中带负电荷，因此增加生物吸附剂表面正电荷有利于吸引水中带负电荷的金属离子，这

说明生物质表面电荷对 Cr(Ⅵ)的吸附起着重要的作用。

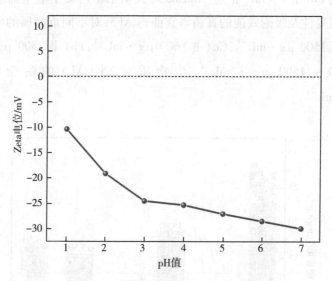

图 3-4　AS 细胞表面 Zeta 电位测定

3.2.4　黑曲霉孢子对水中重金属的吸附效能

本节选取工业污水中广泛存在且价态不同的 6 种环境风险较高的金属离子，分别为 Cr(Ⅵ)、Cr(Ⅲ)、Cu(Ⅱ)、Zn(Ⅱ)、Cd(Ⅱ)、Ag(Ⅰ)，对比研究 AS 对水中不同价态重金属离子的吸附效能。

相同吸附条件下，即初始重金属离子浓度为 30 mg·L^{-1}，AS 投加量为 1.0 g·L^{-1}，反应 4 h，未调节溶液 pH 值，对比 AS 对各种重金属离子的吸附效能。各组实验的吸附结果如图 3-5 所示，AS 对不同价态的重金属离子的吸附效能差异较大，单位吸附容量在 9.41~27.38 mg·g^{-1} 之间。AS 对 Cr(Ⅵ)、Cu(Ⅱ)、Ag(Ⅰ)和 Cd(Ⅱ)的吸附能力较强，单位吸附容量分别为 27.38 mg·g^{-1}、18.80 mg·g^{-1}、16.50 mg·g^{-1} 和 15.50 mg·g^{-1}，而对 Zn(Ⅱ)和 Cr(Ⅲ)的吸附能力较弱，单位吸附容量分别为 10.40 mg·g^{-1} 和 9.41 mg·g^{-1}。AS 对不同重金属离子的亲和性顺序表现为 Cr(Ⅵ) > Cu(Ⅱ) > Ag(Ⅰ) > Cd(Ⅱ) > Zn(Ⅱ) > Cr(Ⅲ)，这一顺序与之前很多相关的研究结果一致。Yang 等人研究了黑曲霉对垃圾焚烧飞灰生物浸出液中重金属的吸附行为,该研究结果表明,黑曲霉对 Pb(Ⅱ)和 Zn(Ⅱ)两种重金属离子的吸附性能为 Pb(Ⅱ) > Zn(Ⅱ)。Anusha 等人从铝矿污染土壤中筛选出具有良好重金属耐受性及吸附效能的真菌塔宾曲霉 AF3,对不同重金属的耐受能力分别为 Cr(Ⅵ)1500 μg·mL^{-1}、Cu(Ⅱ)600 μg·mL^{-1}、Pb(Ⅱ)500 μg·mL^{-1} 和 Zn(Ⅱ)500 ~ 1500 μg·mL^{-1},生物质对 Cr(Ⅵ)的耐受浓度高达 1500 μg·mL^{-1}。

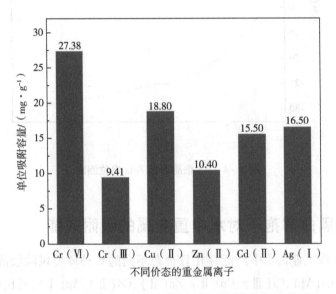

图 3 - 5　AS 对水中不同价态的重金属离子的单位吸附容量

综上,黑曲霉孢子对水溶液中 Cr(Ⅵ)具有较高的吸附效能与较强的耐受性,因此,本书将环境高风险的 Cr(Ⅵ)作为目标污染物。

3.3　冻融预处理黑曲霉孢子吸附剂

3.3.1　冻融循环次数对 Cr(Ⅵ)吸附效能的影响

冻融法常被用来提取真菌中的几丁质、葡聚糖及核酸等物质,是一种安全、高效的物理预处理方法。真菌细胞壁在冻融过程中会产生冰晶,并且引起表面形貌的轻微损伤,从而改变细胞壁的比表面积,影响生物质的吸附效能。

冻融温度及循环次数的变化会影响生物吸附剂表面的微观结构,并导致细胞内有效成分的释放。将 AS 在 -20 ℃下进行冻融实验,重复 1~4 个循环。如图 3-6(a)所示,在 -20 ℃下,FT-AS 的吸附容量分别为 46.0 mg·g^{-1}、48.2 mg·g^{-1}、47.4 mg·g^{-1} 和 48.3 mg·g^{-1}。对比发现,FT-AS 对 Cr(Ⅵ)的吸附效能优于 AS(43.6 mg·g^{-1})。当冻融温度为 -20 ℃、循环 4 次时,FT-AS 对 Cr(Ⅵ)的吸附效能最佳,吸附效能较原孢子提高约 10%,这可能与 AS 本身含水率较低有关,因此冻融过程没有产生足够多的冰晶引起孢子表面形貌变化。如图 3-6(b)所示,碘值变化规律与吸附效能相符,随着冻融循环次数增加而提高。赵玉红等人对含水率较高的黑木耳进行低温(-20 ℃)冻融处理后发现,冻融处理后的黑木耳组织间的裂缝和孔隙增大,比表面积增大。

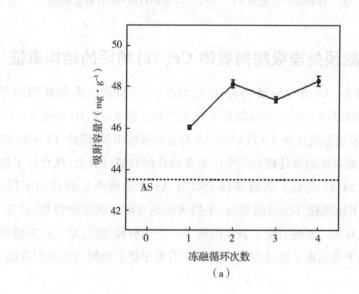

(a)

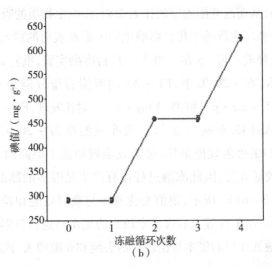

图 3-6 冻融循环次数对 FT-AS 的(a)吸附效能和(b)碘值影响

3.3.2 冻融预处理吸附剂吸附 Cr(Ⅵ)前后的结构表征

对 AS 和 FT-AS 进行 SEM 分析,结果如图 3-7 所示。从 SEM 图中可以观察到,冻融预处理后 AS 表面形貌发生较大变化。图 3-7(b)和图 3-7(c)中 FT-AS 的表面形貌比图 3-7(a)中 AS 的表面形貌粗糙,因此,FT-AS 吸附容量的增加可能与冻融预处理后产生了更多的孔洞和皱纹有关,这有利于更多的 Cr(Ⅵ)进入到 AS 内部。冻融循环次数对 AS 细胞壁产生的作用不同,在 -20 ℃下,随着冻融循环次数的增加,生物吸附剂吸附效能逐渐提高,这与 AS 比表面积增大有关。冻融后孢子表面出现了一些孔洞和皱纹,增大比表面积的同时可能有利于金属离子渗透进入 AS 内部,有助于提高吸附剂的吸附效能。

第 3 章 黑曲霉孢子吸附剂的制备及吸附效能

图 3-7 (a) AS 以及(b)冻融预处理 1 次和(c)冻融预处理 4 次的 FT-AS 的 SEM 图

采用 FETEM 及元素分析研究了吸附 Cr(VI) 后 AS 和 FT-AS 的元素组成和分布,如图 3-8 所示。

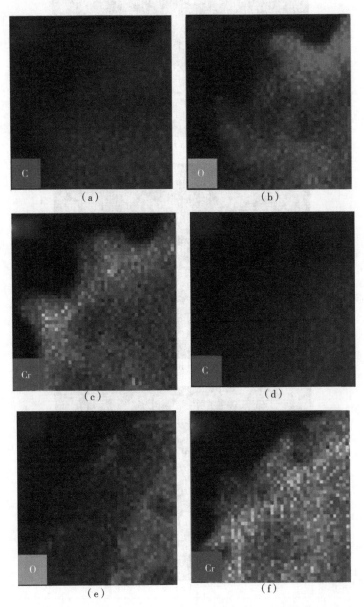

图 3-8 (a)、(b)、(c) AS 和 (d)、(e)、(f) FT-AS 吸附 Cr(VI) 后的 FETEM 图

由图3-8(a)、图3-8(b)和图3-8(c)可知,AS吸附Cr(Ⅵ)后,其主要组成元素为C、O和Cr,AS吸附的Cr元素主要沉积在AS表面。由图3-8(d)、图3-8(e)和图3-8(f)可知,FT-AS吸附Cr(Ⅵ)后,其主要组成元素同样为C、O和Cr,但Cr元素不仅存在于FT-AS表面,部分Cr元素还存在于FT-AS内部。根据AS和FT-AS吸附Cr(Ⅵ)之后元素Cr的分布情况可知,冻融预处理对孢子表面结构造成一定破坏,部分Cr(Ⅵ)渗透进入孢子内部,因此FT-AS对Cr(Ⅵ)的吸附效能高于AS。此外,FT-AS吸附Cr(Ⅵ)后,其表面的C和O元素分布量小于AS,这可能与冻融预处理后孢子的胞内多糖等成分溶解到水相中有关。这表明FT-AS在其表面出现更多的孔洞和裂缝,有助于Cr(Ⅵ)从裂缝向FT-AS内部扩散,进而提高对Cr(Ⅵ)的吸附容量。

AS和FT-AS在吸附Cr(Ⅵ)前后的FT-IR图如图3-9所示。FT-AS的FT-IR图在3274 cm^{-1}、2920 cm^{-1}、1736 cm^{-1}、1624 cm^{-1}和1536 cm^{-1}处出现的峰可以归为醇类(—OH)、羧酸(—CH、—COOH、—N—H)和胺类(—C—N)的伸缩振动。与AS的FT-IR图相比,冻融后的孢子并没有出现新的官能团。同时,FT-AS的表面官能团峰强度相对于AS也没有明显增强,证明冻融预处理只对AS表面的形貌有所影响,并没有对AS的多糖组分起到破坏作用,因此官能团峰强度无明显增强。这表明,FT-AS在增大孢子比表面积同时,并没有引起AS表面功能性官能团的暴露,因此FT-AS的吸附效能没有显著提高。

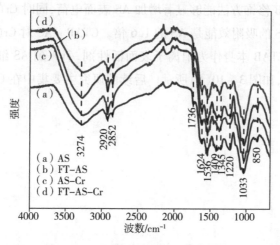

图3-9 AS基吸附剂的FT-IR图

3.4 化学修饰黑曲霉孢子吸附剂

3.4.1 化学修饰吸附剂的制备及对 Cr(Ⅵ) 吸附效能的影响

基于 AS 的表面带电荷的理化特性及文献报道,本小节分别采用酸、碱、PEI 及 CTAB 对 AS 进行化学修饰,分别得到生物吸附剂 a-AS、b-AS、PEI-AS 和 CTAB-AS,研究不同化学修饰方法对 Cr(Ⅵ) 吸附效能的影响。

对比不同化学修饰 AS 所获得吸附剂对 Cr(Ⅵ) 的吸附效能,控制实验条件一致(吸附剂投加量为 1 g·L^{-1},初始重金属离子浓度为 100 mg·L^{-1},吸附时间为 4 h,溶液为中性,温度为 30 ℃)。经不同化学修饰所得的 AS 基吸附剂对 Cr(Ⅵ) 的吸附效能及 Zeta 电位如图 3-10 所示。图 3-10(a)为 AS、a-AS、b-AS、PEI-AS 及 CTAB-AS 对 Cr(Ⅵ) 的吸附容量,分别为 43.60 mg·g^{-1}、46.40 mg·g^{-1}、24.30 mg·g^{-1}、50.72 mg·g^{-1} 及 67.60 mg·g^{-1}。对比 AS 对 Cr(Ⅵ) 的吸附容量(43.60 mg·g^{-1}),AS 经 HCl 预处理后,吸附容量提高了 6.4%。a-AS 及 CTAB-AS 表面电荷增加,有利于通过静电吸附水中带负电荷的铬酸根离子。b-AS 吸附容量明显下降,降低了 44.3%,这可能是因为 AS 经碱预处理后,表面电荷减少,不利于通过静电吸附水中带负电荷的铬酸根离子。采用 CTAB 修饰方法能够显著增加 AS 表面电荷,同时 Cr(Ⅵ) 去除效能最高。CTAB-AS 的吸附效能是 AS 的 1.6 倍。CTAB-AS 对 Cr(Ⅵ) 的吸附效能最好,是由于 CTAB 本身作为阳离子表面活性剂,引入到 AS 细胞表面,增加了其表面的电荷,如图 3-10(b)所示。后续的研究主要集中在 CTAB 对 AS 的修饰上。

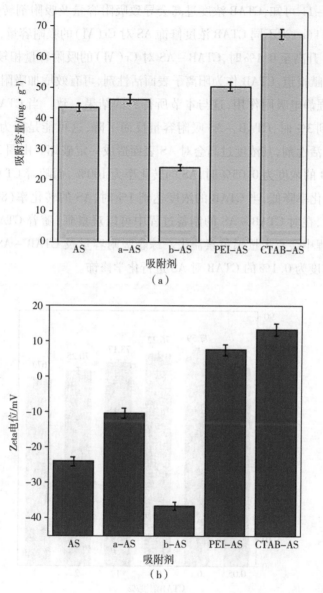

图3-10 不同化学修饰的 AS 基吸附剂对 Cr(Ⅵ)的吸附效能及 Zeta 电位

3.4.2 CTAB 修饰浓度对 Cr(Ⅵ)吸附效能的影响

为了提高 Cr(Ⅵ)的去除效能,笔者研究了不同 CTAB 浓度对吸附效能的影响。由图3-11可知,CTAB浓度过高会导致吸附容量及吸附剂转化率迅速下降。图3-11(a)为不同CTAB浓度修饰AS对Cr(Ⅵ)的吸附容量,当CTAB浓度从0.05%升高至0.1%时,CTAB-AS对Cr(Ⅵ)的吸附容量相较于AS显著提高。据文献报道,CTAB作为阳离子表面活性剂,可有效增加吸附剂的表面电荷,进而增强静电吸附作用,这与本节所得到的结果一致。当CTAB的浓度从0.1%升高到3%时,CTAB-AS吸附容量反而下降,这可能是因为CTAB作为阳离子表面活性剂,其浓度过高会对AS表面造成一定破坏。由图3-11(b)可知,当CTAB的浓度为0.05%时,AS的转化率为100%,而随着CTAB浓度的升高,AS的转化率降低,当CTAB的浓度达到1%时,AS的转化率(80.8%)显著下降。同时,在对CTAB-AS的制备过程中可以观察到,随着CTAB浓度的升高,洗涤过程中会有大量黑色素流失。综合吸附容量及CTAB-AS的转化率,确定采用浓度为0.1%的CTAB对AS进行化学修饰。

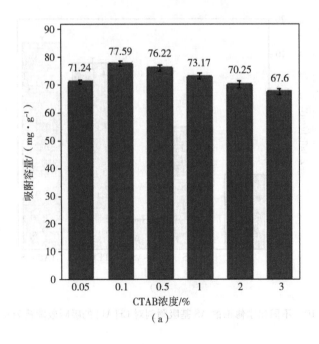

(a)

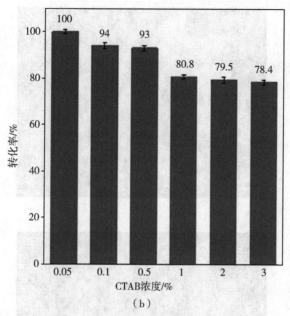

图3-11 不同CTAB浓度对生物吸附剂的(a)Cr(Ⅵ)吸附容量
和(b)转化率的影响

3.4.3　CTAB-AS吸附剂对Cr(Ⅵ)吸附前后的结构表征

图3-12(a)为AS的SEM图,图3-12(b)~(f)分别为浓度为0.05%、0.1%、0.5%、1%、和3%的CTAB溶液对AS修饰后的SEM图。可以看出,随着CTAB浓度的升高,AS粒径变小,同时表面会逐渐变得粗糙。CTAB作为阳离子表面活性剂,常用于真菌DNA的提取过程。CTAB浓度过高会引起AS细胞壁的破坏。若CTAB浓度不断升高,不仅将改变AS的表面电荷,还会对其表面结构造成一定的破坏,进而对AS的吸附效能产生影响。

(a)

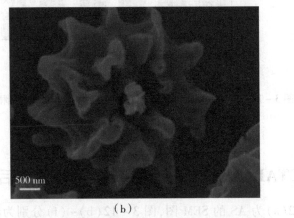
(b)

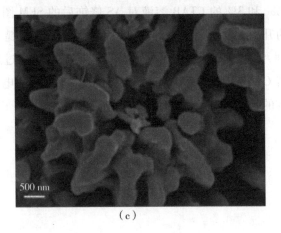
(c)

第3章 黑曲霉孢子吸附剂的制备及吸附效能

图3-12 (a)AS 和经(b)0.05%、(c)0.1%、(d)0.5%、(e)1%、(f)3%不同浓度 CTAB 表面修饰后的 CTAB-AS 的 SEM 图

图 3-13 为 CTAB、AS 和经 CTAB 化学修饰后的 CTAB-AS 的 FT-IR 图。AS 经 CTAB 化学修饰后，CTAB-AS 细胞表面甲基和亚甲基的特征峰明显增强。这是由于 CTAB 修饰 AS 后，将自身大量的甲基及亚甲基基团引入 AS 表面。另外，酰基特征峰出现明显的位移，特别是酰胺Ⅱ带从 1572 cm^{-1} 移动到 1654 cm^{-1}，这表明 CTAB 在化学修饰过程中与 AS 表面官能团发生了一定的键和作用。C—N 伸缩振动的特征峰也发生了明显的位移，从 1303 cm^{-1} 移动到 1439 cm^{-1}，这可能是 CTAB 中的季铵盐所致。

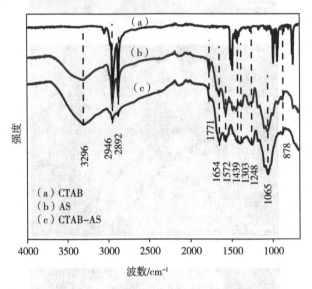

图 3-13　CTAB、AS 和 CTAB-AS 的 FT-IR 图

3.5　黑曲霉孢子基吸附剂效能对比评价

本章分别通过冻融预处理、酸碱简单浸泡及有机物化学修饰的方法对 AS 吸附剂进行改性，提高其对 Cr(Ⅵ)的吸附效能。在相同吸附条件下处理 100 mg·L^{-1} Cr(Ⅵ)，以 Cr(Ⅵ)的吸附容量为标准对比评价不同改性方法对 AS 吸附剂吸附效能的影响，如图 3-14 所示。结果表明，采用 PEI 及 CTAB 对 AS 进行化学修饰作用要好于酸碱浸泡和冻融预处理。CTAB 改性的生物吸附

剂效果最好,吸附容量为 77.59 mg·g^{-1};其次是 PEI 改性的生物吸附剂,吸附容量为 50.70 mg·g^{-1}。HCl 改性后吸附效能提升不明显,NaOH 改性后吸附效能反而大幅下降,冻融改性后吸附效能提升不显著。上述结果说明,AS 吸附剂对 Cr(Ⅵ)的吸附作用复杂,有机大分子如 CTAB 和 PEI 通过在细胞表面引入氨基等功能基团,有效地增加了细胞表面结合位点的数量,从而提高了吸附效能,另外,CTAB 本身携带大量正电荷基团,其对 AS 吸附剂的化学修饰作用不仅将功能基团引入细胞表面,还使细胞表面电荷变正,提升了对 $HCrO_4^-$ 的亲和力。基于上述结果,笔者认为 CTAB 是化学修饰的最佳试剂。

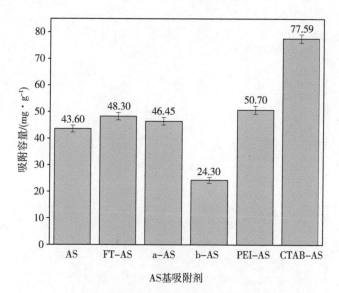

图 3-14　不同表面修饰的 AS 基吸附剂对 Cr(Ⅵ)的吸附效能

3.6　本章小结

本章将 AS 作为研究对象,分析其组分及理化性质,并研究 AS 对水中不同重金属离子的吸附效能。以 Cr(Ⅵ)作为目标污染物,对 AS 进行物理预处理及化学修饰,制备了一系列吸附剂。以吸附效能为评价指标,结合结构特征分析筛选了合适的修饰方法。主要结论如下:

(1) 采用冻融法对 AS 进行物理预处理,获得冻融预处理吸附剂 FT-AS。在 -20 ℃下,以冻融次数(1~4 次)为对比指标,研究 FT-AS 对 Cr(Ⅵ)的吸附效能。实验结果表明,冻融 4 次吸附容量逐渐提高至 48.3 mg·g^{-1}(AS 吸附容量为 43.6 mg·g^{-1}),与此同时碘值变化规律与吸附效能提高规律相符,均随冻融循环次数增加而提高,但是吸附效能提高有限,这是由于 AS 本身含水率过低,冻融预处理没有大幅提高 AS 孔隙度。

(2) 采用化学法对 AS 进行修饰,实验结果显示 CTAB 的修饰能够有效提高吸附效能,经 CTAB 修饰后的 AS 吸附容量为 77.59 mg·g^{-1}。因此,改变吸附剂表面电荷分布比增大吸附剂比表面积更能有效提高吸附剂的吸附效能。

第4章 CTAB/Fe₃O₄ – AS 对 Cr(Ⅵ)的吸附特性研究

4.1 引言

研究发现,CTAB – AS 吸附重金属后仍悬浮于水溶液中,难以从溶液中分离。针对 AS 自身较轻、在水中呈悬浮状态、难以回收等问题,笔者采用生物友好磁性材料纳米 Fe_3O_4 与 AS 复合,使其具有较高去除效能的同时可通过磁场实现生物吸附剂分离回收。

本章采用水基磁流体(表面活性剂分散的 Fe_3O_4 磁性纳米颗粒)与 AS 进行复合后,再采用 CTAB 进行修饰,制备了 CTAB/Fe_3O_4 – AS 磁性复合生物吸附剂。首先,通过化学共沉淀法将 AS 与 Fe_3O_4 磁性纳米颗粒复合成一种磁性生物吸附剂(Fe_3O_4 – AS),通过改变反应物质量比并研究其磁回收性能,确定最佳复合质量比。其次,基于第 3 章得出的最佳 CTAB 修饰浓度(0.1%),对 Fe_3O_4 – AS 进一步修饰,获得磁性复合吸附剂(CTAB/Fe_3O_4 – AS),并对比磁性修饰前后吸附剂对 Cr(Ⅵ)的吸附容量。最后,研究 pH 值、吸附剂投加量、重金属初始浓度、吸附时间及温度变化等对 AS 基生物吸附剂吸附效能的影响,并通过响应面优化获得最佳吸附条件。响应面分析结果可用于指导处理实际废水过程中吸附剂的投加量及反应时间。

4.2 CTAB/Fe₃O₄–AS 生物吸附体系的构建

4.2.1 工艺步骤对生物吸附剂吸附效能的影响

Fe_3O_4 磁性纳米颗粒具有良好的磁分离特性。Bekhit 等人用 Fe_3O_4 磁性纳米颗粒对细菌进行包覆固定处理后,对水中染料进行脱色处理。但受磁场影响,干燥的 Fe_3O_4 磁性纳米颗粒很容易团聚。因此,本书将 Fe_3O_4 磁性纳米颗粒分散在一定浓度的表面活性剂中,制备成水基磁流体,进而解决 Fe_3O_4 磁性纳米颗粒在 AS 表面的团聚问题。

采用水基磁流体形式将 Fe_3O_4 磁性纳米颗粒分散后负载于 AS 或 CTAB 修饰后的 AS 上的工艺步骤如图 4-1 所示。

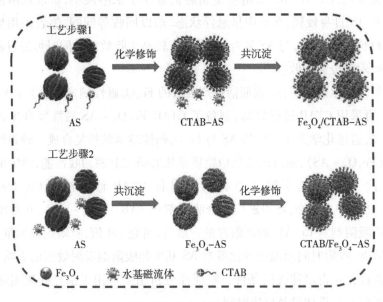

图 4-1 制备磁性复合生物吸附剂的工艺步骤

比较不同工艺步骤对所制备的吸附剂 $CTAB/Fe_3O_4$–AS 和 Fe_3O_4/CTAB–AS 吸附效能的影响,以 AS 及 CTAB–AS 为参考,如图 4-2 所示。对 CTAB 改性后的 AS 直接进行磁修饰所制备的吸附剂 Fe_3O_4/CTAB–AS,吸附容量为 56.6 mg·g^{-1},虽然高于 AS 的 43.6 mg·g^{-1},但是低于 CTAB-AS 的 77.59 mg·g^{-1}。这是因为在采用化学法进行磁性修饰过程中使用浓度较大的碱溶液,对 CTAB-AS 的表面活性剂胶束造成一定破坏,所以吸附容量显著下降。而先进行磁性修饰后获得 Fe$_3$O$_4$-AS,再进行 CTAB 修饰所制备的吸附剂 CTAB/Fe$_3$O$_4$-AS 的吸附容量为 89.5 mg·g^{-1},较 CTAB-AS 有所提高。原因可能是在 AS 表面先引入具有较大比表面积的 Fe$_3$O$_4$ 磁性纳米颗粒,经磁性纳米颗粒修饰后的 Fe$_3$O$_4$-AS 的比表面积大于 AS,同时也为 CTAB 胶束的疏水端提供更多的可附着位点。同时,Fe$_3$O$_4$ 磁性纳米颗粒表面具有丰富的羟基官能团,提供了更多的可修饰位点。因此,CTAB/Fe$_3$O$_4$-AS 对 Cr(Ⅵ)的吸附容量较 CTAB-AS 有了一定的提高。

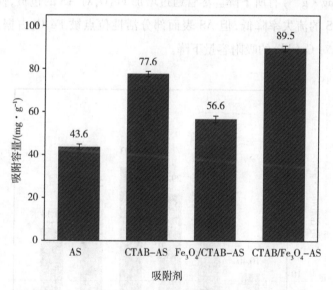

图 4-2　不同工艺步骤制备的吸附剂吸附 Cr(Ⅵ)的效能

4.2.2　磁性 Fe$_3$O$_4$/AS 质量比对吸附剂吸附效能的影响

笔者研究了 AS 与 Fe$_3$O$_4$ 磁性纳米颗粒的不同质量比所制备的吸附剂对 Cr(Ⅵ)吸附效能的影响。Fe$_3$O$_4$ 磁性纳米颗粒与 AS 质量比分别为 0.6∶1、0.8∶1、1∶1、1.2∶1 和 1.4∶1,分别记为 Fe$_3$O$_4$-AS$_1$、Fe$_3$O$_4$-AS$_2$、Fe$_3$O$_4$-AS$_3$、Fe$_3$O$_4$-

AS_4 和 Fe_3O_4-AS_5。如图 4-3 所示,随着 Fe_3O_4 磁性纳米颗粒与 AS 质量比的增加,吸附剂对 Cr(Ⅵ)的吸附容量先增大后减小。当 Fe_3O_4/AS 由 0.6∶1 增加到 1∶1 时,吸附剂对 Cr(Ⅵ)的吸附容量由 24.66 mg·g^{-1} 增加到 36.03 mg·g^{-1}。而当 Fe_3O_4/AS 进一步增大至 1.2∶1 和 1.4∶1 时,吸附剂对 Cr(Ⅵ)的吸附容量分别下降至 28.11 mg·g^{-1} 和 21.13 mg·g^{-1}。当 Fe_3O_4/AS 为 0.6∶1 时,材料制备过程中,部分 AS 没有被磁性粒子包覆,因此在磁分离过程中会有部分 AS 流失,从而导致磁分离后的吸附剂 Fe_3O_4-AS_1 对 Cr(Ⅵ)的吸附效能下降。随着磁性材料质量比的增加,磁性纳米颗粒可以包覆于 AS 表面,AS 流失减少,吸附剂对 Cr(Ⅵ)的吸附效能增加。当 Fe_3O_4/AS 为 1∶1 时,吸附剂对 Cr(Ⅵ)的吸附效能最佳。可以看出 Fe_3O_4-AS_3 的吸附容量(36.03 mg·g^{-1})还是较 AS(43.60 mg·g^{-1})有所下降。尽管通过增加 Fe_3O_4 对 AS 的包覆,使得制备分离过程中 AS 的流失率降低,但 AS 表面部分活性位点被 Fe_3O_4 占据,从而导致 Fe_3O_4-AS_3 对 Cr(Ⅵ)的吸附容量下降。

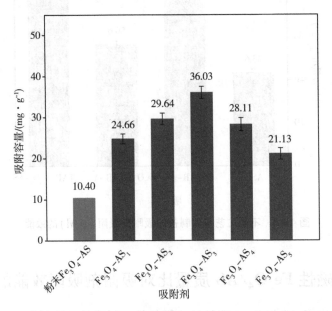

图 4-3　Fe_3O_4 与 AS 质量比对 Cr(Ⅵ)吸附效能的影响

基于上述实验结果,选择 Fe_3O_4/AS 为 1∶1,采用相同化学手段制备

Fe_3O_4 – AS,吸附容量为 10.40 mg·g^{-1},显著低于采用水基磁流体修饰所获得的 Fe_3O_4 – AS_3,可能由于 Fe_3O_4 磁性纳米颗粒在溶剂中无法均匀分散,进而无法实现对 AS 的均匀包覆,在磁回收过程中有大部分 AS 流失,因此导致吸附剂的 Cr(Ⅵ)吸附效能下降。基于此,后续磁性修饰过程均采用 Fe_3O_4/AS 为 1∶1 的水基磁流体进行制备。

4.3 CTAB/Fe_3O_4 – AS 生物吸附剂的表征

4.3.1 磁性生物吸附剂的形貌表征

图 4 – 4 为磁性材料及 AS 的 TEM 图。图 4 – 4(a)为 Fe_3O_4 水基磁流体的 TEM 图,SDBS 透明絮体对黑色 Fe_3O_4 磁性纳米颗粒具有一定的包覆作用。Fe_3O_4 磁性纳米材料为大小均匀的黑色颗粒,颗粒直径约为 20 nm。图 4 – 4(a)插图为水基磁流体的粒径分布图,测试结果表明,粒径主要分布在 100 nm 处,大于 Fe_3O_4 磁性纳米颗粒的粒径。由于加入 SDBS 后磁性纳米颗粒被分散,SDBS 分布在 Fe_3O_4 磁性纳米颗粒周围形成胶束,因此水基磁流体的粒径分布测试结果大于实际 Fe_3O_4 磁性纳米颗粒的粒径。图 4 – 4(b)所示,AS 的粒径为 2~3 μm,因此,Fe_3O_4 粒径越小,分散性越好,越有利于均匀包覆于 AS 表面。AS 与 Fe_3O_4 磁性纳米颗粒复合后所制备的 Fe_3O_4 – AS 如图 4 – 4(c)所示,对比 AS 的光滑表面,从图 4 – 4(c)中可看出在 AS 表面均匀沉积了细小的颗粒物质,为 Fe_3O_4 磁性纳米颗粒。图 4 – 4(d)为 Fe_3O_4 – AS 的局部放大图,可以看出 Fe_3O_4 以纳米颗粒形式分布在 AS 表面。

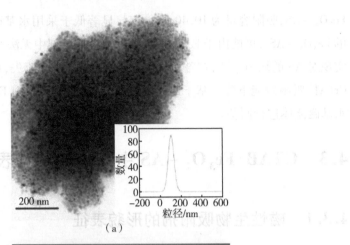

(a)

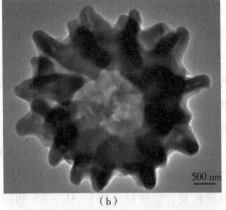

(b)

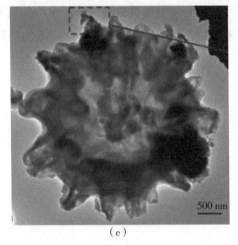

(c)

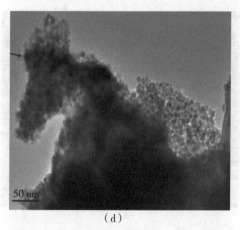

(d)

图 4-4 (a)Fe$_3$O$_4$、(b)AS、(c)Fe$_3$O$_4$-AS 和(d)局部放大的 Fe$_3$O$_4$-AS 的 TEM 图

进一步利用 EDS 对磁性修饰 AS 进行表面元素分析,如图 4-5 所示。图 4-5(a)为 Fe$_3$O$_4$-AS 的形貌及整体元素分布图,从图中可以看出,经过磁性修饰后的 AS 仍具有完整的结构,在 Fe$_3$O$_4$-AS 表面除了含有 AS 原有的 C、N、O 元素外,Fe 元素也均匀分布在其表面。图 4-5(b)~(d)为 AS 主要组成元素 C、N、O 的分布情况,作为主要组成元素,EDS 强度较大。对比图 4-5(e)中 Fe 元素的分布,可以清晰地观察到 Fe$_3$O$_4$ 磁性纳米颗粒呈球状,且均匀分布在 AS 表面,EDS 显示 Fe 元素相对含量低于 C、N、O 等元素。Fe$_3$O$_4$ 磁性纳米颗粒均匀负载于 AS 表面,且未发生团聚现象。

(a)

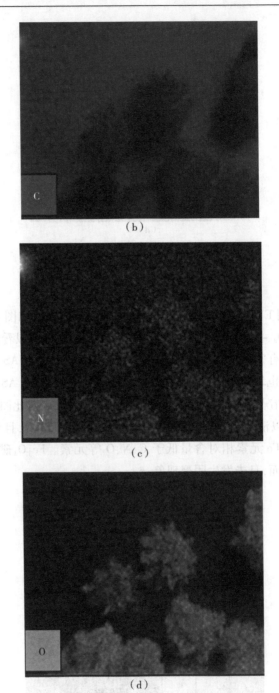

(b)

(c)

(d)

(e)

图4-5 Fe₃O₄-AS 的形貌与表面元素分布图

(a)整体元素分布;(b)C 元素分布;(c)N 元素分布;(d)O 元素分布;(e)Fe 元素分布

通过 SEM 及 TEM 对 AS、CTAB/Fe₃O₄-AS 的表面形貌及元素组成进行了对比分析,如图4-6 所示。图4-6(b)和(d)为 CTAB/Fe₃O₄-AS 的 SEM 和 TEM 图,CTAB/Fe₃O₄-AS 呈球状,表面有均匀凸起,直径为 3~4 μm。对比图 4-6(a)中 AS 以及图4-5 中 Fe₃O₄-AS 的表面形貌,CTAB/Fe₃O₄-AS 的表面形貌未发生明显改变,表明在 AS 表面进行化学修饰及磁性修饰并未对 AS 的形貌造成破坏。根据生物吸附剂能谱分析结果可知,C、O 元素依旧为 CTAB/Fe₃O₄-AS的主要组成元素,但其表面 C、O 元素的相对含量较 AS 发生改变,这是在 AS 表面进行化学及磁性修饰引入 C、O 元素所致。将 CTAB/Fe₃O₄-AS沿着颗粒直径进行 TEM 扫描,图4-6(d)~(i)为 CTAB/Fe₃O₄-AS的 TEM-EDX 结果。由图4-6(d)和图4-6(e)可知,Fe、O、C 和 N 为 CTAB/Fe₃O₄-AS 的主要组成元素。图4-6(f)~(i)为 CTAB/Fe₃O₄-AS 的 Fe、C、N 和 O 元素分布情况,其中,Fe 元素均匀分散在 AS 表面,说明 CTAB 对 Fe₃O₄-AS 的表面修饰并未影响 Fe₃O₄磁性纳米颗粒在生物吸附剂表面的均匀分布情况。

(a)

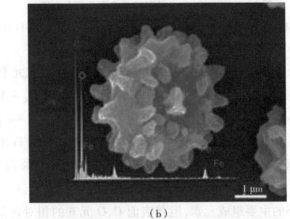

(b)

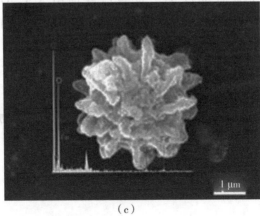

(c)

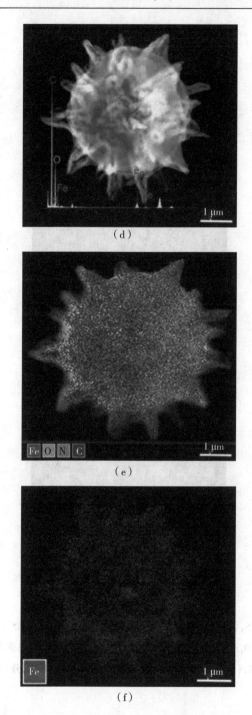

(d)

(e)

(f)

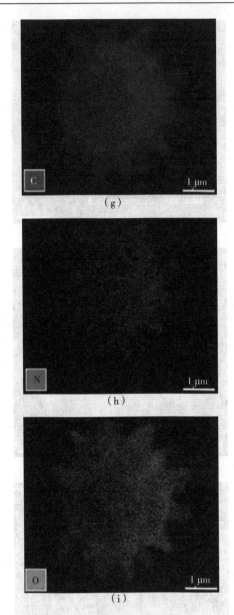

图4-6 (a)AS、(b)CTAB/Fe_3O_4-AS和(c)CTAB/Fe_3O_4-AS-Cr的SEM图；(d)CTAB/Fe_3O_4-AS的TEM图；CTAB/Fe_3O_4-AS的形貌与表面元素分布图(e)整体元素分布、(f)Fe元素分布、(g)C元素分布、(h)N元素分布、(i)O元素分布

4.3.2 磁性生物吸附剂的 VSM 分析

磁化强度是指材料在外加磁场中的磁化程度,矫顽力是从样品磁化到饱和至磁化强度降至零所需要的外加磁场强度。饱和磁化强度与矫顽力成反比,且不是线性关系,这些参数可以用来预测材料的磁性能。

如图 4-7(a)所示,水基磁流体的饱和磁化强度测量值为 54 emu·g^{-1},且磁化曲线穿过零点,证明所制备的水基磁流体具有良好的超顺磁性。用 VSM 测量了 Fe_3O_4-AS 在 -20000~20000 Oe 磁场范围内的磁学性能(300 K),并绘制了各自的磁化曲线。评估不同 Fe_3O_4/AS 质量比下生物吸附剂的磁学性能,结果表明,随着磁性材料的比例不断增加,饱和磁化强度逐渐增大,分别为 18.56 emu·g^{-1}、18.88 emu·g^{-1}、20.76 emu·g^{-1}、23.75 emu·g^{-1} 和 24.68 emu·g^{-1},复合材料均具有良好的超顺磁性。综合考虑 Fe_3O_4-AS 对 Cr(Ⅵ)的吸附效能对比结果,选择 Fe_3O_4-AS$_3$ 作为后续研究的材料。Fe_3O_4-AS$_3$(磁化强度 20.76 emu·g^{-1})与其他磁性材料相比较具有较好的磁回收性能。文献报道的部分磁性复合吸附材料的磁化强度如表 4-1 所示。从图 4-7(b)中可以看出,控制磁性 Fe_3O_4 与 AS 在相同比例下,采用粉末 Fe_3O_4 与采用水基磁流体所制备的复合材料(粉末 Fe_3O_4-AS 和 Fe_3O_4-AS)的回收性能区别明显。回收后,Fe_3O_4-AS 的溶液较粉末 Fe_3O_4-AS 更加清澈。这一现象主要是由于水基磁流体可在 AS 表面进行均匀包覆,具有良好回收性能。

表 4-1 不同磁性复合吸附材料磁化强度

吸附材料	磁化强度/(emu·g^{-1})
PN-Fe_3O_4-PEI	4.64
Fe_3O_4@biomass	14.93
C-TiO_2@Fe_3O_4/AC	3.48
Fe_3O_4@BC-PN	17.95
TiO_2/Fe_3O_4/BC	28.97
Fe_3O_4-AS	20.76
CTAB/Fe_3O_4-AS	17.00

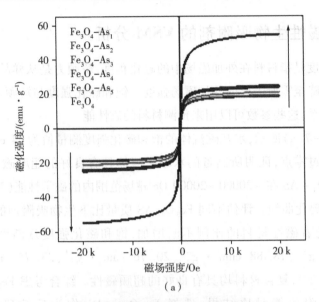

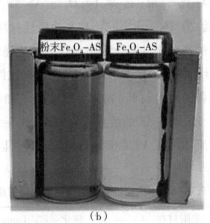

图4-7 (a)Fe_3O_4-AS的磁化曲线;(b)粉末Fe_3O_4-AS和Fe_3O_4-AS的磁性效应

如图4-8(a)所示,对比CTAB/Fe_3O_4-AS和Fe_3O_4-AS的磁化曲线,由于CTAB的表面修饰作用,CTAB/Fe_3O_4-AS的磁化强度(17 emu·g^{-1})略低于Fe_3O_4-AS(20.76 emu·g^{-1}),但CTAB/Fe_3O_4-AS仍具有良好的磁回收性能。图中显示磁化曲线均通过零点,因此CTAB/Fe_3O_4-AS复合生物吸附剂没有磁滞现象,表明其具有较好的超顺磁特性,即在去除外加磁场后,CTAB/Fe_3O_4-AS没有任何磁性存在。该性质有利于磁性复合生物吸附剂在实际废水处理中的循环使用。从图4-8(b)中可以看出,合成的磁性复合生物吸附剂 CTAB/Fe_3O_4-AS 因其良好的磁学性能及吸附效能,使用手持式磁铁在 10 s内就可以很容易地将其从水溶液中分离出来,同时观察到溶液颜色由黄色变为无色。对比图4-7(b),证明采用 CTAB 对 Fe_3O_4-AS 进行修饰后所获得的 CTAB/Fe_3O_4-AS 复合生物吸附剂具有较高的回收效能及吸附效能。

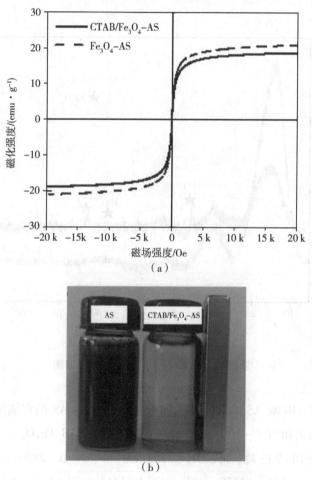

图4-8 (a) CTAB/Fe_3O_4-AS 和 Fe_3O_4-AS 的磁化曲线;
(b) AS 和 CTAB/Fe_3O_4-AS 的磁性效应

4.3.3 磁性生物吸附剂的物相表征

图4-9为AS和Fe_3O_4-AS的XRD谱图,由图可知,AS是一种没有强特征衍射峰的非晶体。AS经Fe_3O_4磁性纳米颗粒包覆制备的Fe_3O_4-AS吸附剂在35.38°、57.03°和62.96°处出现强衍射峰,分别对应(311)、(511)和(440)晶面表明Fe_3O_4已成功包覆在AS表面,形成Fe_3O_4-AS磁性生物吸附剂。

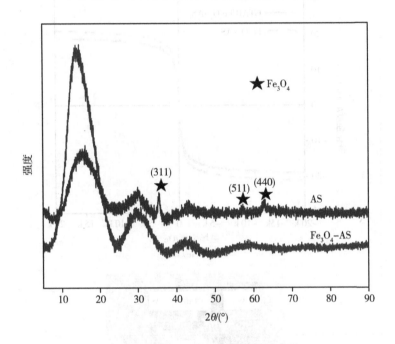

图4-9 AS和Fe_3O_4-AS的XRD谱图

利用FT-IR对AS、Fe_3O_4-AS和CTAB/Fe_3O_4-AS的官能团结构进行分析和对比,结果如图4-10所示。Fe_3O_4-AS及CTAB/Fe_3O_4-AS出现了AS所有的官能团特征峰,如—OH(3352 cm^{-1})、C—H(2930 cm^{-1})、—N=(1656 cm^{-1})、—NH—(1550 cm^{-1})、C=N(1413 cm^{-1})和C—N(1077 cm^{-1})。同时还出现了Fe_3O_4的特征官能团Fe—O(585 cm^{-1})。对比AS及Fe_3O_4-AS可知,Fe_3O_4磁性纳米颗粒与AS结合后,AS的酰胺基团的C=O峰从1656 cm^{-1}移动到1632 cm^{-1}。这一现象可能是由于Fe_3O_4磁性纳米颗粒与酰胺

发生了相互作用,揭示了 Fe_3O_4 与 AS 的复合作用机制。Fe_3O_4 磁性纳米颗粒成功加载至 AS 表面,并且 Fe_3O_4 可能与 AS 表面供电子官能团相互作用。Fe—O 基团出现在 CTAB/Fe_3O_4 - AS 的 FT - IR 图中,这表明采用 CTAB 对 Fe_3O_4 - AS 进行化学修饰后,表面官能团没有发生明显改变。此外,CTAB/Fe_3O_4 - AS 的—CH—的强度明显增强,因为 CTAB 对 Fe_3O_4 - AS 的表面修饰引入了大量的烷基。FT - IR 结果表明,CTAB 修饰的磁性复合材料(CTAB/Fe_3O_4 - AS)已经被成功制备,且 CTAB 对 Fe_3O_4 - AS 的表面化学修饰不会影响其表面 Fe_3O_4 磁性纳米颗粒的包覆,还在吸附剂表面引入了正电荷,用于强化吸附剂和重金属的静电吸附作用。

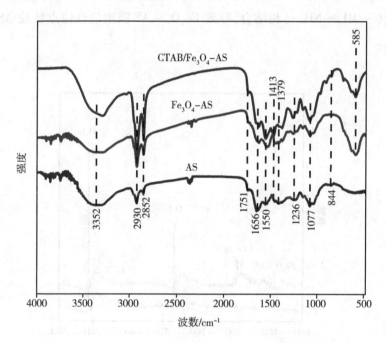

图 4 - 10　AS、Fe_3O_4 - AS 和 CTAB/Fe_3O_4 - AS 的 FT - IR 图

4.3.4　磁性生物吸附剂的表面元素分析

通过 XPS 分析 Fe_3O_4 - AS 的元素组成和表面化学状态。图 4 - 11(a)为 AS 和 Fe_3O_4 - AS 的 XPS 谱图,Fe_3O_4 - AS 中除含有 AS 的主要元素(C、O、N)外

还含有 Fe 元素,这与 Fe_3O_4 – AS 的 SEM 和 XRD 的分析结果吻合,证明成功制备了磁性生物吸附剂 Fe_3O_4 – AS。图 4 – 11(b) 为 Fe 2p 的 XPS 谱图,在 710.70 eV 和 724.19 eV 处有两个峰。对比分析图 4 – 11(c) 和图 4 – 11(d),图 4 – 11(d) 包含三个特征峰,在 529.70 eV 处出现一个新的峰(Fe—O 峰),C=O 峰及 C—OH 发生移动。对比分析图 4 – 11(e) 及图 4 – 11(f) 可知,AS 与 Fe_3O_4 复合后,—NH—向高波数移动,—N=向低波数移动,证明 AS 与 Fe_3O_4 复合后,氨基电子发生诱导作用,表明酰胺基及羟基可能与 Fe_3O_4 相互作用并形成新的化学键。Fe_3O_4 – AS 的 XPS 分析结果与 FT – IR 分析结果一致。上述分析结果表明,AS 表面被 Fe_3O_4 磁性纳米颗粒均匀包覆,界面直接通过化学键紧密连接。磁化曲线显示 Fe_3O_4 – AS 具有良好的磁分离性能,但是部分 Fe_3O_4 与 AS 部分活性位点(—OH、—NH—)相结合,导致 Fe_3O_4 – AS 吸附活性位点数较 AS 有所减少。

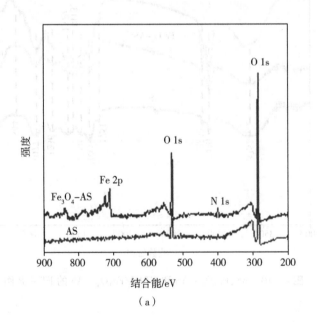

(a)

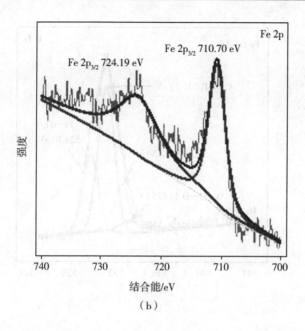

(b)

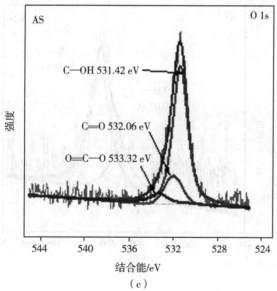

(c)

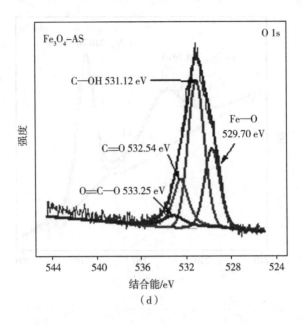

(d)

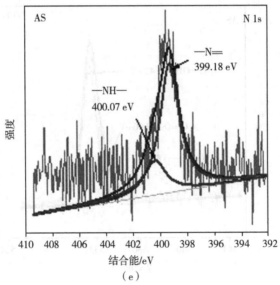

(e)

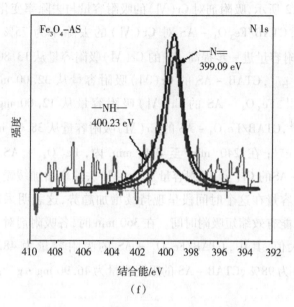

图4-11 AS 和 Fe_3O_4-AS 的 XPS 谱图
(a)全谱;(b)Fe 2p;(c)、(d)O 1s;(e)、(f)N 1s

综上所述,采用化学方法成功将 Fe_3O_4 磁性纳米颗粒与 AS 制备成磁性复合材料 Fe_3O_4-AS,Fe_3O_4 磁性纳米颗粒和 AS 通过 Fe—O 和 C=N 的相互作用结合,Fe_3O_4-AS 均匀地包裹在 AS 外层,避免了高温等复杂的制备过程对 AS 造成破坏。Fe_3O_4 修饰 AS 后,表面形貌无明显变化,在外加磁场的作用下可以很容易地从水溶液中快速分离。

4.4 CTAB/Fe_3O_4-AS 对 Cr(Ⅵ)的吸附特性

4.4.1 吸附时间对吸附 Cr(Ⅵ)效能的影响

本节研究了 AS 基吸附剂的吸附时间对 Cr(Ⅵ)去除效能的影响。除吸附时间外,其他初始反应条件相同:溶液的 pH 值为 2,Cr(Ⅵ)浓度为 50 mg·L^{-1},吸附剂投加量为 1.0 g·L^{-1},吸附时间范围为 0~360 min。每隔一段固定时间取样测定溶液中剩余重金属浓度。

如图 4-12 所示，吸附剂对 Cr(Ⅵ) 的吸附容量与去除率变化趋势相似。在 0~30 min 内，CTAB/Fe$_3$O$_4$-AS 对 Cr(Ⅵ) 的去除率为 75% 以上；在 30~120 min 内，吸附容量进一步提高，AS 的 Cr(Ⅵ) 吸附容量从 13.80 mg·g^{-1} 增加至 29.40 mg·g^{-1}，CTAB-AS 的 Cr(Ⅵ) 吸附容量从 32.00 mg·g^{-1} 增加至 42.00 mg·g^{-1}，Fe$_3$O$_4$-AS 的 Cr(Ⅵ) 吸附容量从 12.00 mg·g^{-1} 增加至 23.00 mg·g^{-1}，CTAB/Fe$_3$O$_4$-AS 的 Cr(Ⅵ) 吸附容量从 38.00 mg·g^{-1} 增加至 46.00 mg·g^{-1}；在 240 min 至 360 min 内，Fe$_3$O$_4$-AS、CTAB-AS、CTAB/Fe$_3$O$_4$-AS 的 Cr(Ⅵ) 吸附容量及 Cr(Ⅵ) 去除率增加缓慢，AS 的 Cr(Ⅵ) 去除率及吸附容量在这个时间段呈现持续增加趋势，这表明采用 CTAB 对 AS 进行表面修饰能有效缩短吸附时间。在 360 min 时，各吸附剂对 Cr(Ⅵ) 的吸附容量达到最大值，其中，CTAB/Fe$_3$O$_4$-AS 的吸附容量为 48.95 mg·g^{-1}，Cr(Ⅵ) 去除率为 98%，CTAB-AS 的吸附容量为 46.90 mg·g^{-1}，Cr(Ⅵ) 去除率为 94%。

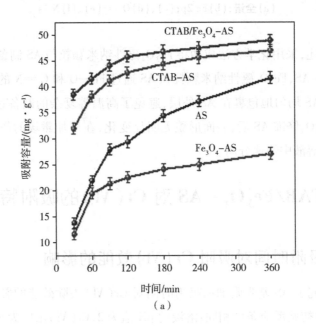

(a)

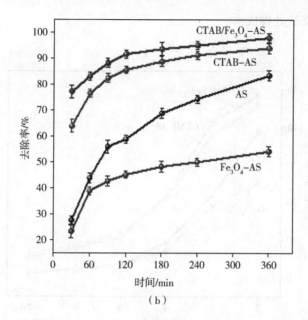

图4-12 吸附时间对(a)Cr(Ⅵ)吸附容量和(b)水中Cr(Ⅵ)去除率的影响

综上所述,基于AS所制备的吸附剂对Cr(Ⅵ)的生物吸附过程分为快速和慢速两个阶段,其他生物吸附剂也具有类似吸附过程。

4.4.2 pH值对吸附Cr(Ⅵ)效能的影响

本节研究不同pH值对Cr(Ⅵ)吸附效能的影响。除pH值外,其他初始反应条件相同:吸附时间为240 min,Cr(Ⅵ)初始浓度为50 mg·L^{-1},吸附剂投加量为1 g·L^{-1},通过酸碱调节pH值范围在2~7之间。从图4-13中可以看出,基于AS所获得的系列吸附剂(AS、CTAB-AS、Fe$_3$O$_4$-AS、CTAB/Fe$_3$O$_4$-AS)在pH=2时吸附效能最佳,分别为39.05 mg·g^{-1}(AS)、45.63 mg·g^{-1}(CTAB-AS)、25.00 mg·g^{-1}(Fe$_3$O$_4$-AS)和48.43 mg·g^{-1}(CTAB/Fe$_3$O$_4$-AS)。从图中可以看出,CTAB/Fe$_3$O$_4$-AS对Cr(Ⅵ)的吸附效能最高,所有吸附剂对Cr(Ⅵ)的吸附效能均随着pH增大而逐渐降低,这可能与吸附剂表面的电荷有关,反应溶液初始pH值的变化可能影响吸附剂与Cr(Ⅵ)的静电吸附作用。电镀行业废水大多呈酸性,AS基吸附剂在pH=2的条件下到吸附效能最高,适合应用于酸性电镀废水处理,稍微调节或不调节pH值即可达到最佳去除条件,有利于降低处理成本。

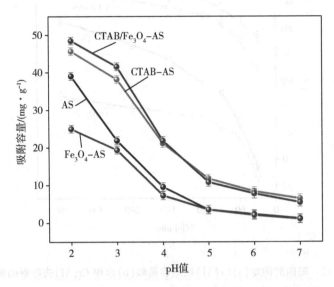

图 4-13　pH 值对不同生物吸附剂吸附 Cr(Ⅵ) 效能的影响

pH 值的变化会影响生物吸附剂表面电荷的变化和金属离子的特性。在酸性条件下,AS 的多糖羟基被质子化后,表面电荷增加,有利于与带负电荷的 Cr(Ⅵ) 发生静电吸附作用。当溶液 pH 值范围为 1~3 时,吸附剂表面被质子化,带正电荷;当溶液 pH 值大于 6.4 时,随着溶液 pH 值的增大,水中 OH^- 的浓度增加,使得吸附剂表面带负电荷,吸附剂与同样带负电荷的 $HCrO_4^-$ 静电相斥。因此,溶液 pH 值的变化对生物吸附剂的吸附效能影响显著。反应前后溶液 pH 值变化如表 4-2 所示,反应后溶液 pH 值均升高,部分质子参与了吸附 Cr(Ⅵ) 的反应过程。

表 4-2　AS 和 CTAB/Fe_3O_4-AS 吸附 Cr(Ⅵ) 前后溶液 pH 值的变化

初始 pH 值	2.0	3.0	4.0	5.0	6.0	7.0
平衡 pH 值(AS)	2.14	3.66	5.31	5.61	6.18	7.19
平衡 pH 值(CTAB/Fe_3O_4-AS)	2.22	3.82	5.32	5.65	6.32	7.26

AS、CTAB-AS、Fe₃O₄-AS 和 CTAB/Fe₃O₄-AS 的 Zeta 电位随 pH 值的变化如图 4-14 所示。当溶液 pH 值从 2 增大到 7 时,所有吸附剂的 Zeta 电位均下降,与各自的 Cr(Ⅵ)吸附效能随 pH 值的变化趋势相符,吸附剂表现出较强的 pH 值依赖性。同时,各吸附剂的 Zeta 电位值排序为 CTAB/Fe₃O₄-AS > CTAB-AS > Fe₃O₄-AS > AS。从图中可以看出,经过磁性修饰及化学修饰所获得的吸附剂,其 Zeta 电位值均得到提高。Fe₃O₄-AS 在溶液 pH 值为 1~3 范围内,Zeta 电位为正值,CTAB-AS 及 CTAB/Fe₃O₄-AS 在溶液 pH 值为 1~4 时,Zeta 电位为正值。这表明在一定 pH 值范围内吸附剂表面带正电荷,有利于吸附带负电荷的 $HCrO_4^-$。在 pH = 2 时,CTAB/Fe₃O₄-AS、CTAB-AS 和 Fe₃O₄-AS 的 Zeta 电位值较高,更有利于吸附带负电荷的 $HCrO_4^-$,与吸附剂对 Cr(Ⅵ)的吸附容量结果相符,证明静电吸附作用在吸附过程中起重要作用。

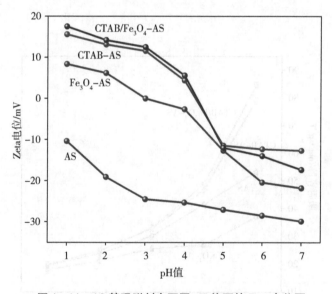

图 4-14 AS 基吸附剂在不同 pH 值下的 Zeta 电位图

4.4.3 吸附剂投加量对吸附 Cr(Ⅵ)效能的影响

本节研究了吸附剂投加量对 Cr(Ⅵ)吸附效能的影响。除投加量外,其他初始反应条件相同:溶液的 pH 值为 2,Cr(Ⅵ)的初始浓度为 50 mg·L⁻¹,吸附时间为 240 min,吸附剂投加量变化范围为 0.5~2.5 g·L^{-1}。如图 4-15 所示,当吸附剂投加量为 0.5 g·L^{-1} 时,吸附容量较高,吸附剂对 Cr(Ⅵ)的去除率有限。在投加量较低条件下,吸附剂表面吸附活性位点均被 Cr(Ⅵ)占据,吸附达饱和,从而限制了吸附剂对溶液中剩余 Cr(Ⅵ)的进一步吸附。当吸附剂投加量从 0.5 g·L^{-1} 增加到 1.0 g·L^{-1} 时,吸附剂对 Cr(Ⅵ)的吸附容量大幅降低,吸附剂表面出现更多的吸附活性位点,有利于对溶液中剩余 Cr(Ⅵ)的持续吸附。如图 4-15(b)所示,吸附剂投加量从 0.5 g·L^{-1} 增加到 1.0 g·L^{-1} 时,AS 对 Cr(Ⅵ)的去除率从 53% 提高至 83%,CTAB-AS 对 Cr(Ⅵ)的去除率从 79% 提高至 94%,CTAB/Fe$_3$O$_4$-AS 对 Cr(Ⅵ)的去除率从 84% 提高至 98%,吸附剂对 Cr(Ⅵ)的去除率显著提高。当吸附剂投加量大于 1.0 g·L^{-1} 时,吸附容量持续下降的同时对 Cr(Ⅵ)的去除率没有显著提升,造成吸附剂吸附活性位点的浪费以及处理成本的提高。因此,当吸附剂投加量为 1.0 g·L^{-1} 时,是较为经济的投加量。

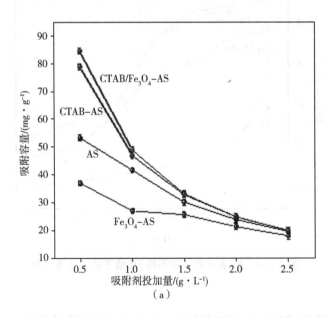

(a)

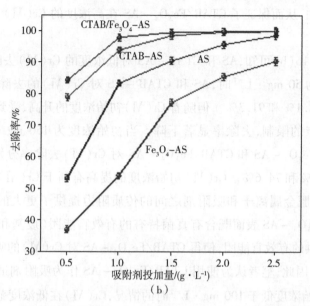

图4-15 吸附剂投加量对(a)Cr(Ⅵ)吸附容量和(b)Cr(Ⅵ)去除率的影响

4.4.4 Cr(Ⅵ)初始浓度对吸附Cr(Ⅵ)效能的影响

本节研究了不同初始浓度对Cr(Ⅵ)去除效能的影响。除Cr(Ⅵ)初始浓度外,其他初始反应条件相同:溶液的pH值为2,吸附时间为240 min,吸附剂投加量为1.0 g·L^{-1},Cr(Ⅵ)的初始浓度范围为25~150 mg·L^{-1}。从图4-16(a)可知,当吸附剂投加量为定值时,吸附容量随Cr(Ⅵ)初始浓度的升高而变大。其中,AS、CTAB-AS和Fe$_3$O$_4$-AS在浓度由25 mg·L^{-1}升高至75 mg·L^{-1}时,吸附容量迅速提高,在Cr(Ⅵ)浓度范围为75~150 mg·L^{-1}内,AS、CTAB-AS和Fe$_3$O$_4$-AS的Cr(Ⅵ)吸附速率有所下降,此时吸附剂的吸附活性位点接近饱和。当溶液初始浓度150 mg·L^{-1}时,AS、CTAB-AS和Fe$_3$O$_4$-AS对Cr(Ⅵ)的最大吸附容量分别为34.84 mg·g^{-1}、53.3 mg·g^{-1}和79.95 mg·g^{-1}。CTAB/Fe$_3$O$_4$-AS对Cr(Ⅵ)的最大吸附容量为111.93 mg·g^{-1},较前三种吸附剂有显著提升。当Cr(Ⅵ)初始浓度为25~100 mg·L^{-1}时,CTAB/Fe$_3$O$_4$-AS的吸附容量呈线性提升且去除率随初始浓度增大没有显著下降,这可能是由于Fe$_3$O$_4$-AS经CTAB修饰后,CTAB/Fe$_3$O$_4$-AS表面可与金属离子结合的活性位点有所增加,从而保证了 CTAB/Fe_3O_4 – AS 在高浓度的 Cr(Ⅵ)下对 Cr(Ⅵ)的持续吸附。

由图 4 – 16(b)可知,AS 和 CTAB – AS 对低浓度的 Cr(Ⅵ)去除效果显著,当初始浓度为 50 mg·L^{-1}时,AS 和 CTAB – AS 对 Cr(Ⅵ)的去除率达到最大值,分别为 78.1% 和 91.3%。但随着 Cr(Ⅵ)初始浓度的升高,受到吸附剂表面活性吸附位点的限制,去除率显著下降。当初始浓度为 150 mg·L^{-1}时,AS、CTAB – AS、Fe_3O_4 – AS 和 CTAB/Fe_3O_4 – AS 对 Cr(Ⅵ)去除率分别为 35.3%、53.3%、23.2% 和 74.6%。Cr(Ⅵ)初始浓度的提高有利于 Cr(Ⅵ)与吸附剂发生碰撞,为克服金属离子和吸附剂之间的传质阻力提供了更大的驱动力。此外,CTAB/Fe_3O_4 – AS 表面既含有真菌特有的有效官能团(羧基和氨基),又含有 CTAB 提供的有效官能团,使得 CTAB/Fe_3O_4 – AS 对 Cr(Ⅵ)的吸附效能优于 Fe_3O_4 – AS。因此,笔者认为使用 CTAB/Fe_3O_4 – AS 作为吸附剂适用于废水中 Cr(Ⅵ)的初始浓度低于 100 mg·L^{-1}时的情况,Cr(Ⅵ)在低浓度范围内也同样适用。

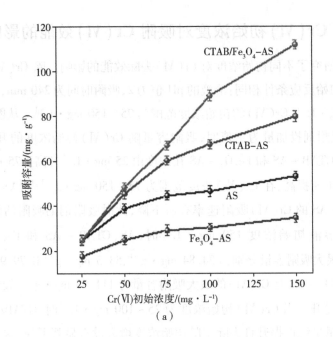

(a)

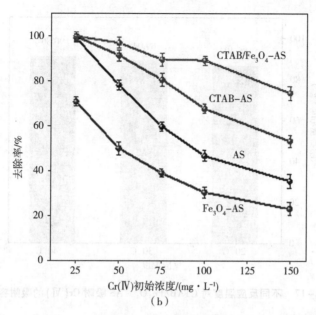

图 4-16 Cr(Ⅵ)的不同初始浓度对(a)Cr(Ⅵ)吸附容量和(b)Cr(Ⅵ)去除率的影响

4.4.5 反应温度对吸附 Cr(Ⅵ)效能的影响

本节研究了不同温度对 Cr(Ⅵ)去除效能的影响。除温度外,其他初始反应条件相同:溶液 pH 值为 2,吸附时间为 240 min,Cr(Ⅵ)初始浓度为 100 mg·L^{-1},吸附剂投加量为 1.0 g·L^{-1},调节反应温度分别为 20 ℃、30 ℃ 和 40 ℃。如图 4-17 所示,在 20 ℃、30 ℃ 和 40 ℃ 下,CTAB/Fe$_3$O$_4$-AS 对 Cr(Ⅵ)的吸附容量分别为 86.40 mg·g^{-1}、89.04 mg·g^{-1} 和 90.86 mg·g^{-1},随着反应温度的升高,吸附剂对 Cr(Ⅵ)的吸附容量有所提高。由此可以得出结论,升温促进了分子热力学运动,加强了吸附质与吸附剂的碰撞,有利于 Cr(Ⅵ)吸附过程的进行。虽然提高温度有利于提高吸附剂对 Cr(Ⅵ)的吸附容量,然而,从经济角度及实际应用角度来看,30 ℃ 可作为最佳反应温度。

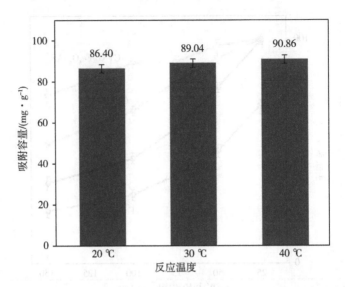

图4-17 不同反应温度对 CTAB/Fe$_3$O$_4$ - AS 吸附 Cr(Ⅵ)的吸附容量

4.4.6 吸附 Cr(Ⅵ)响应面优化研究

基于前面单因素实验结果,以 pH 值、吸附时间、吸附剂投加量及初始浓度4个单因素为多变量,利用响应面法(RSM)建立多变量可视化非线性模型来优化吸附剂对水中 Cr(Ⅵ)的吸附影响因素,获得最佳工艺参数。以 CTAB/Fe$_3$O$_4$ - AS 为吸附剂,输入4个变量:pH 值、吸附剂投加量、吸附时间及初始浓度,研究变量与响应值 Cr(Ⅵ)去除率间的函数关系式,得到吸附工艺优化方程。根据单因素实验结果优化工艺参数范围,具体为:pH 值(1.6~2.4)、Cr(Ⅵ)初始浓度(50~150 mg·L^{-1})、CTAB/Fe$_3$O$_4$ - AS 投加量(0.5~2.5 g·L^{-1})、吸附时间(120~240 min)。CTAB/Fe$_3$O$_4$ - AS 吸附剂响应面因素水平见表4-3。

表4-3 响应面实验设计因素水平

因素	名称	水平 -1	水平 0	水平 1
A	pH 值	1.6	2.0	2.4
B	Cr(Ⅵ)初始浓度(mg·L^{-1})	50	100	150
C	CTAB/Fe$_3$O$_4$-AS 投加量(g·L^{-1})	0.50	1.50	2.50
D	吸附时间(min)	120	160	240

利用 Design-Expert 软件对 RSM 实验进行分析设计。优化 4 个因素(pH 值、初始浓度、投加量、吸附时间),使得各自对应的响应值最大,得到最大响应值和 4 个因素的值。

根据 Box-Behnken 设计法获得的实验结果,确定因子二次多项式公式(4-1)为:

$$y = -35.65 + 116.91A + 0.23B - 11.92C + 0.36D - 0.14AB + 15.94AC - 0.024AD + 0.10BC + 0.00012BD + 0.0091CD - 36.83A^2 - 0.0016B^2 - 6.57C^2 - 0.00008D^2 \quad (4-1)$$

由表4-4可知,自变量 A、B、C、D、AB、AC、BC、A^2、B^2、C^2、D^2 显著性检验 $P < 0.01$,说明因变量 y 与上述自变量的回归方程的关系是极其显著的。而自变量 AD、BD、CD 显著性检验 $P > 0.05$,说明因变量 y 与上述自变量的回归方程的关系是不显著的,剔除不显著项得到的二次多项式公式(4-2)为:

$$y = -35.65 + 116.91A + 0.23B - 11.92C + 0.36D - 0.14AB + 15.94AC + 0.10BC - 36.83A^2 - 0.0016B^2 - 6.57C^2 - 0.00008D^2 \quad (4-2)$$

CTAB/Fe$_3$O$_4$-AS 吸附剂对水中 Cr(Ⅵ)去除优化公式(4-2)的适用范围为:pH 值(1.6~2.4)、Cr(Ⅵ)初始浓度(50~150 mg·L^{-1})、CTAB/Fe$_3$O$_4$-AS 投加量(0.5~2.5 g·L^{-1})、吸附时间(120~240 min)。

如表4-4所示,通过 RSM 建立优化方程的 F 值为 111.74,P 值小于 0.05,由于噪声而出现如此大的"模型 F 值"的概率只有 0.01%,结果表明基于响应面建立的非线性方程是可靠的。本实验中失准项的 P 值为 $0.1547 > 0.05$,说明

y 与 A、B、C、D、AB、AC、BC、A^2、B^2、C^2、D^2 所建立的模型优化方程具有良好的回归性。预测决定系数 R^2_{Pred} 为 0.9878，矫正决定系数 R^2_{Adj} 为 0.9755，两者基本一致。

表 4-4 回归方程系数显著性参数

变异源	平方和	自由度	均分	F 值	P 值
模型	5168.86	14	369.20	111.74	< 0.0001
A(pH 值)	1090.08	1	1090.08	329.91	< 0.0001
B(初始浓度)	1107.08	1	1107.08	335.06	< 0.0001
C(投加量)	1430.22	1	1430.22	432.86	< 0.0001
D(吸附时间)	120.22	1	120.22	36.39	< 0.0001
AB	33.06	1	33.06	10.01	0.0069
AC	162.56	1	162.56	49.20	< 0.0001
AD	2.10	1	2.10	0.64	0.4384
BC	104.45	1	104.45	31.61	< 0.0001
BD	0.81	1	0.81	0.25	0.6282
CD	1.88	1	1.88	0.57	0.4635
A^2	225.22	1	225.22	68.16	< 0.0001
B^2	104.95	1	104.95	31.76	< 0.0001
C^2	295.98	1	295.98	89.58	< 0.0001
D^2	131.35	1	131.35	39.75	< 0.0001
残差	46.26	14	3.30	—	—
失准项	40.73	10	4.07	2.94	0.1547
纯误差	5.53	4	1.38	—	—
和总	5215.12	28	—	—	—

注：R^2_{Pred} = 0.9878，R^2_{Adj} = 0.9755，Adeq Precision = 33.326。

响应方程计算的预测值与实际值如图 4-18 所示，该图具有良好的线性分布，说明该模型可信度较高。测定的信噪比为 33.326 > 4，表明信号充足，此模型拟合较好。可用于后续 CTAB/Fe_3O_4-AS 吸附剂处理实际废水过程中，根据电镀园区的实际情况,获得优化的吸附剂投加量及反应时间等处理工艺参数。

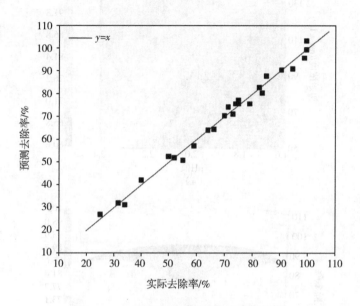

图 4-18 预测值与实际值的散点分布图

基于 pH 值(A)、Cr(Ⅵ)初始浓度(B)、CTAB/Fe_3O_4 - AS 投加量(C)和吸附时间(D)4 个影响因素,交互作用如图 4-19 和图 4-20 所示。

图 4-19(a)和(b)、图 4-19(c)和(d)、图 4-19(e)和(f)分别为 AB、AC 和 AD 的交互作用对 Cr(Ⅵ)去除率的等高线图和 3D 曲面图。从图中可以看出,AC 的曲面倾斜程度最大,AB 次之,最后为 AD。说明 pH 值与投加量的交互作用对 Cr(Ⅵ)的去除率影响最为显著,初始浓度和反应时间次之。图 4-20(a)和(b)、图 4-20(c)和(d)、图 4-20(e)和(f)分别为 BC、BD 和 CD 的交互作用对 Cr(Ⅵ)去除率的等高线图和 3D 曲面图。BC 的曲面倾斜程度最大,CD 次之,最后为 BD。该响应面结果与方差分析结果相符。说明投加量与初始浓度的交互作用对 Cr(Ⅵ)的去除率影响最为显著。

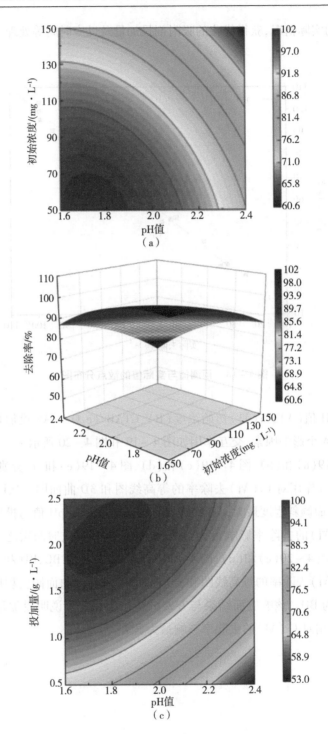

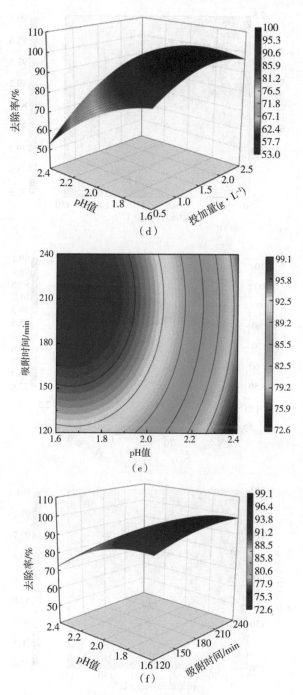

图 4-19 pH 值与各因素的交互影响等高线图和 3D 曲面图

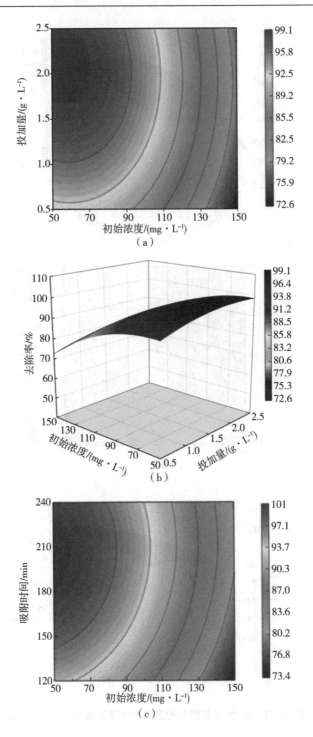

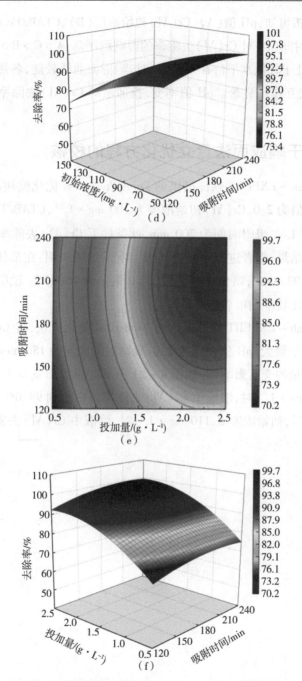

图4-20 初始浓度、吸附剂投加量和吸附时间交互影响等高线图和3D曲面图

由上述分析可知,pH 值(A)、Cr(Ⅵ)初始浓度(B)、CTAB/Fe_3O_4 - AS 投加量(C)和吸附时间(D)对 Cr(Ⅵ)去除率的影响顺序是:A > C > B > D,当水溶液中初始 pH 值处于较低水平(pH < 2.4)时,响应面曲线较陡,各影响因素等高线密度较大,交互作用显著。pH 值不变,投加量对 Cr(Ⅵ)去除率的影响较为显著。

4.4.7 基于响应面法建立优化方程的校核

利用 Desigh - EXPERT 软件提供的 Point Prediction 优化模块,得到了一组优化数据:pH 值为 2.0,Cr(Ⅵ)初始浓度为 100 mg·L^{-1},CTAB/Fe_3O_4 - AS 投加量为 1.5 g·L^{-1},吸附时间为 200 min,此条件下 Cr(Ⅵ)去除率为 94.40%。为了验证预测结果,笔者进行了复合实验。实验结果表明:在最优条件下的去除率平均值为 93.38%,略低于预测值,相对偏差为 1.08%。说明该优化方程对去除率预测比较准确可靠。

利用 Desigh - EXPERT 软件提供的 Numerical 优化模块,将 Cr(Ⅵ)去除率的目标值定位至最大,pH 值固定为 2.0,吸附时间固定为 180 min,优化获得初始浓度与投加量的交互影响图,如图 4 - 21 所示。当投加量 ≥ 1.0 g·L^{-1},初始浓度 ≤ 70 mg·L^{-1}时,溶液中 Cr(Ⅵ)去除率可以达到 99.0% 以上;当投加量 ≥ 1.0 g·L^{-1},初始浓度 ≤ 110 mg·L^{-1}时,溶液中 Cr(Ⅵ)去除率可以达到 91.0% 以上。

第4章 CTAB/Fe₃O₄-AS 对 Cr(Ⅵ)的吸附特性研究

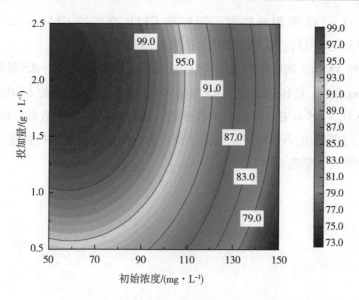

图4-21 投加量与初始浓度交互影响图

4.5 本章小结

本章成功地构建了一种高效磁分离复合生物吸附体系 CTAB/Fe₃O₄-AS，并将其应用到水溶液中 Cr(Ⅵ)的去除。对比考察了 CTAB/Fe₃O₄-AS 与其他 AS 基吸附剂的吸附特性，并利用响应面法对影响因素进行优化。主要结论如下：

(1) 研究 CTAB 及 Fe_3O_4 磁性纳米颗粒与 AS 复合路径对吸附效能的影响：通过吸附效能分析可知，CTAB/Fe₃O₄-AS 吸附效能较高。通过研究磁性纳米材料与 AS 复合质量比对吸附效能的影响，获得优化复合参数。

(2) 采用水基磁流体(纳米 Fe_3O_4)与 AS 进行复合，获得磁性生物吸附剂 Fe_3O_4-AS。Fe_3O_4 纳米颗粒与 AS 的—NH—、—OH 和—C═O 等基团相互作用，均匀分布在 AS 表面，成功制备了磁性吸附材料 Fe_3O_4-AS。采用 0.1% CTAB 试剂对 Fe_3O_4-AS 进行修饰，获得 CTAB/Fe₃O₄-AS，吸附容量为 89.5 mg·g⁻¹，对比研究发现其吸附效能高于 CTAB-AS(77.6 mg·g⁻¹)，证明在 AS 表面引入 Fe_3O_4 磁性纳米颗粒为 CTAB 的修饰提供更多活性点位，因此，

CTAB/Fe$_3$O$_4$ - AS 吸附效能高于同样被 CTAB 修饰的 CTAB - AS。CTAB/Fe$_3$O$_4$ - AS 吸附剂具有良好的吸附效能及磁回收性能。

(3)对 AS 基生物吸附剂吸附特性进行研究,CTAB/Fe$_3$O$_4$ - AS 吸附容量达到 89.5 mg · g^{-1},是相同条件下 AS 吸附容量(43.6 mg · g^{-1})的 2 倍以上,同时 CTAB/Fe$_3$O$_4$ - AS 具有良好的磁回收性能。通过响应面优化结果可知,单因素对 Cr(Ⅵ)去除率的影响顺序从大到小依次为,pH 值 > 吸附剂投加量 > Cr(Ⅵ)溶液初始浓度 > 吸附时间。

第 5 章 黑曲霉孢子基吸附剂应用研究及吸附机制

5.1 引言

第 3 章对 AS 组分及理化性质进行了表征分析,确定其为多糖型生物吸附剂并对 Cr(Ⅵ)具有良好的吸附效能。在此基础上,为进一步提高 AS 吸附效能,采用 CTAB 对 AS 进行修饰。第 4 章为了提高其分离性能,首先,在 AS 表面包覆 Fe_3O_4 磁性纳米颗粒,获得易分离的 Fe_3O_4-AS 吸附剂。然后,采用 CTAB 对 Fe_3O_4-AS 进行化学修饰,制备成 CTAB/Fe_3O_4-AS 磁性复合生物吸附剂。该吸附剂对 Cr(Ⅵ)的吸附效能显著提升的同时也具有磁性分离效能。基于 AS 所制备的吸附剂均表现出了相似的 Cr(Ⅵ)吸附特性。因此,很有必要对 AS 进行应用研究及吸附机制研究。

基于吸附剂理化性质磁分离特性,设计生物吸附组合电磁分离处理工艺。基于电镀园区实际废水参数,Cr(Ⅵ)浓度为 66.3 mg·L^{-1}(未调整 pH 值)。当吸附剂投加量为 1.5 g·L^{-1},吸附 150 min 后,铬剩余浓度为 1.22 mg·L^{-1},去除率可达 98%,符合行业排放标准。同时 CTAB/Fe_3O_4-AS 对实际废水中低浓度 Cu(Ⅱ)和 Zn(Ⅱ)离子也有一定的去除作用。吸附重金属后,该吸附剂通过两级电磁装置进行分离回收。吸附剂回收后通过焚烧实现重金属的固定化。上述指标的考察和分析为 AS 基生物吸附剂的应用拓宽了思路。

采用吸附模型、表征分析手段及理论计算对 CTAB/Fe_3O_4-AS 吸附 Cr(Ⅵ)的吸附机制进行研究。首先,对 AS 基生物吸附剂吸附水中 Cr(Ⅵ)的吸附过程进行研究。其次,采用结构表征分析对吸附剂吸附 Cr(Ⅵ)前后的形貌、官能团结构变化及 Cr(Ⅵ)在吸附表面电子结构及配位信息进行表征分析,推测孢子基吸附剂的结构组成及吸附机理。其中,关于 Cr(Ⅵ)的还原吸附研究已有大量的报道,通过同步辐射结果,分析 Cr(Ⅵ)被还原吸附后在 AS 及 CTAB/Fe_3O_4 - AS 吸附剂表面的价态、配位原子及配位数等。探究不同吸附剂对 Cr(Ⅵ)还原吸附路径的变化。最后,采用理论计算对吸附过程进行描述。具体内容包括:(1)采用 DFT 对 AS 主要组分及 CTAB 进行结构优化;(2)分别在结构优化、结合能计算、福井函数和静电势分布四个层面上表征 AS 的反应活性组分及活性位点;(3)基于 AS 活性组分构建分子动力学吸附模型并进行计算,探究污染物在孢子基吸附剂的还原吸附路径和还原过程中能量的变化。为此,本章着重讨论孢子基吸附剂的降解机理,主要从 Cr(Ⅵ)与吸附剂的亲电加成和静电作用角度进行探讨。同时,解析 CTAB/Fe_3O_4 - AS 吸附剂对 Cr(Ⅵ)的还原吸附作用机制。

5.2　CTAB/Fe_3O_4 - AS 吸附剂评价及工艺设计

5.2.1　吸附剂对水中铬离子的去除效能

本小节研究了初始 Cr(Ⅵ)浓度为 100 mg·L^{-1},最佳吸附条件下,孢子基生物吸附剂对水中总铬和 Cr(Ⅵ)的去除效能,结果如图 5-1 所示。CTAB 修饰所获得的吸附剂 CTAB - AS 及 CTAB/Fe_3O_4 - AS 对总铬及 Cr(Ⅵ)的去除率较高。吸附平衡后,对 Cr(Ⅵ)去除率分别为 CTAB/Fe_3O_4 - AS(90%) > CTAB - AS(77%) > AS(47%) > Fe_3O_4 - AS(39%)。对总铬的去除率为 CTAB/Fe_3O_4 - AS(85%) > CTAB - AS(65%) > AS(34%) > Fe_3O_4 - AS(32%)。

从图 5-1 铬元素分布图中可知,4 种 AS 基吸附剂吸附后溶液中同时存在 Cr(Ⅵ)及 Cr(Ⅲ),证明在吸附过程中发生了还原反应。其中 AS 吸附后溶液中 Cr(Ⅲ)浓度高于其他 AS 基吸附剂,占比 13%,CTAB 修饰的吸附剂吸附后溶液中 Cr(Ⅲ)浓度稍有降低,CTAB - AS 为 9%,CTAB/Fe_3O_4 - AS 为 7%。

第5章 黑曲霉孢子基吸附剂应用研究及吸附机制

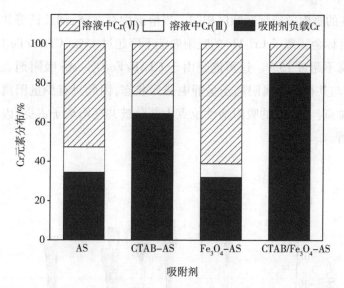

图 5-1 不同的 AS 基生物吸附剂投加量对总铬和 Cr(Ⅵ)的去除效能

5.2.2 共存离子对吸附剂吸附 Cr(Ⅵ)效能的影响

在实际废水中同时存在多种重金属离子。因此研究吸附剂抗干扰能力是评价吸附剂的重要指标。

本节研究了 CTAB/Fe_3O_4-AS 在竞争阳离子存在的条件下对目标离子 Cr(Ⅵ)的吸附效能。阳离子 Na^+、Ca^{2+}、Mg^{2+}、Cu^{2+}、Zn^{2+} 作为共存离子体系，初始 Cr(Ⅵ)浓度为 100 mg·L^{-1}，各竞争阳离子的浓度均为 50 mg·L^{-1}。吸附后测定滤液中剩余 Cr(Ⅵ)浓度，设置 AS 吸附剂为对照组，研究共存阳离子对目标离子去除效能的影响。

当水中有竞争阳离子时，CTAB/Fe_3O_4-AS 及 AS 对 Cr(Ⅵ)的去除效能变化结果如图 5-2 所示。共存阳离子存在时，AS 及 CTAB/Fe_3O_4-AS 对目标金属离子 Cr(Ⅵ)的吸附效能均呈现下降趋势，AS 对 Cr(Ⅵ)的吸附效能下降显著。AS 对 Cr(Ⅵ)的吸附效能变化分别为 Mg^{2+}(-50.2%) > Cu^{2+}(-48.4%) > Ca^{2+}(-46.7%) > Zn^{2+}(-8.3%) > Na^+(-5%)。CTAB/Fe_3O_4-AS 对 Cr(Ⅵ)的吸附效能抑制作用分别为 Mg^{2+}(-14.8%) > Cu^{2+}(-13.2%) > Ca^{2+}(-5.2%) > Zn^{2+}(-5%) > Na^+(-3.1%)，共存阳离子对 AS 及 CTAB/

Fe_3O_4 - AS 的吸附效能抑制顺序相同。当溶液中存在镁、铜及钙等共存阳离子时，AS 对目标金属离子 Cr(Ⅵ)的吸附效能下降超过 45%，$CTAB/Fe_3O_4$ - AS 吸附效能下降不超过 15%。这可能是由于 $CTAB/Fe_3O_4$ - AS 吸附剂表面分布阳离子胶束，与共存的金属阳离子呈静电排斥状态，因此只有少量阳离子占据了吸附活性位点。而 AS 的吸附活性位点大部分被共存阳离子占据，因此吸附效能下降显著。

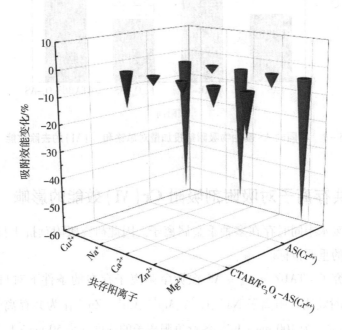

图 5-2 共存阳离子对吸附剂吸附效能的影响

5.2.3 吸附剂的分离和回收

本实验采用电磁式磁分离装置模拟实际工业应用过程中如图 5-3(a)所示，通过调节电流有效控制磁场强度并调节吸附剂分离时间。按照实验方法，研究电流强度在 0.5~2.5 A 范围内，$CTAB/Fe_3O_4$ - AS 在 Cr(Ⅵ)溶液中的分离回收效果。如图 5-3(b)所示，随着装置电流的增大，$CTAB/Fe_3O_4$ - AS 在 Cr(Ⅵ)溶液中的分离速度加快，分离时间缩短。

第5章 黑曲霉孢子基吸附剂应用研究及吸附机制

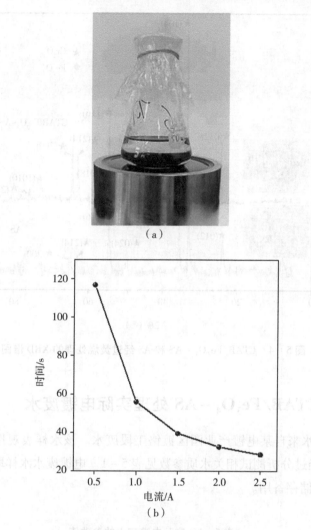

图5-3 (a)电磁式磁铁分离装置；
(b)电流对 CTAB/Fe_3O_4 - AS 分离时间的影响

生物吸附剂吸附重金属后，为了实现重金属离子的固化及吸附剂的无害化处理，将 AS 及 CTAB/Fe_3O_4 - AS 通过 400 ℃焚烧2 h 的方式进行焚烧固化，XRD 结果如图5-4所示。吸附剂经焚烧后，AS 得到绿色氧化铬固体粉末，CTAB/Fe_3O_4 - AS 由于氧化铁的存在得到黑色混合氧化物质。

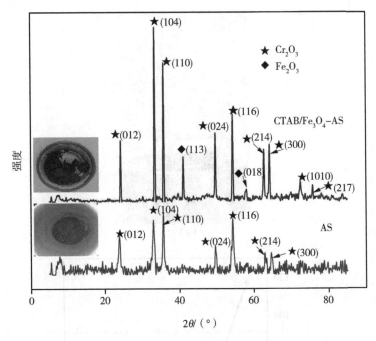

图 5-4　CTAB/Fe$_3$O$_4$-AS 和 AS 经过焚烧处理的 XRD 谱图

5.2.4　CTAB/Fe$_3$O$_4$-AS 处理实际电镀废水

电镀废水来自某电镀产业园区镀铬工段废水。该水样表观性状为黄色且水质澄清，经过分析测试相关水质参数见表 5-1。电镀废水水样取回后置于冰箱 4 ℃冷藏储存备用。

表 5-1　实际电镀废水的参数值

参数	数值
pH 值	1.94~2.02
COD 浓度	403~410 mg·L^{-1}
总铬浓度	57.6~63.1 mg·L^{-1}
Cr(Ⅵ)浓度	57.6~63.1 mg·L^{-1}
Cu(Ⅱ)浓度	3.0~5.0 mg·L^{-1}
Zn(Ⅱ)浓度	2.0~3.5 mg·L^{-1}

经过水质分析可知,总铬及 Cr(Ⅵ)的浓度均为 63.1 mg·L^{-1},废水中无 Cr(Ⅲ)。废水 pH 值为 1.94,接近响应面最佳吸附 pH 值条件,适合采用本书所制备的吸附剂进行处理。实际废水中除了含有重金属离子外,还含有其他污染物,浓度采用 COD 指标来进行衡量,该电镀废水的 COD 为 403 mg·L^{-1},同时存在少量共存铜、锌离子。

根据 CTAB/Fe$_3$O$_4$ - AS 吸附剂对水中 Cr(Ⅵ)的去除优化方程,利用 Desigh - EXPERT 软件提供的 Numerical 优化模块进行预测,在不考虑实际废水中共存阳离子及其他污染物(COD 指标)的前提下,基于实际废水水质分析结果保证去除率 97.6% 以上。实际废水波动变化上限 66.3 mg·L^{-1} 为初始浓度,不调节 pH 值,即反应 pH 值为 1.94,去除率为 97.6%,优化获得吸附时间与投加量的交互影响图如图 5 - 5 所示。从图中可以看出,当投加量范围为 1.0 ~ 2.0 g·L^{-1},反应时间为 120 ~ 190 min 时,实际废水中 Cr(Ⅵ)的去除率可达到 97.6% 以上。

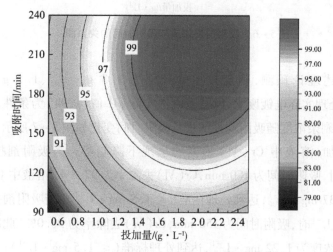

图 5 - 5　吸附剂投加量与吸附时间交互影响

通过数据分析获得去除率为 97.6% 时的投加量与吸附时间的变化关系,如图 5 - 6 所示。投加量在 1.0 ~ 1.6 g·L^{-1} 时,随着投加量的增加,吸附时间显著缩短,投加量在 1.7 ~ 2.0 g·L^{-1} 时,随着投加量的增加,吸附时间缩短趋缓,在此范围内投加量的增加不会引起吸附时间的显著缩短。实际应用中,在保证去除率的前提下,吸附时间越短越好,因此投加量在 1.3~1.7 g·L^{-1}范围,在较短的吸附时间内可获得良好的去除效果。

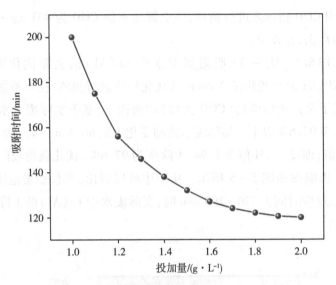

图 5-6　吸附剂投加量与吸附时间的关系图

基于上述理论预测,确定投加量分别为 1.3 g·L^{-1}、1.5 g·L^{-1} 和 1.7 g·L^{-1}处理实际电镀废水,以电镀废水实际 pH 值(1.94)为条件。实际废水中 Cr(Ⅵ)剩余浓度随吸附剂投加量及吸附时间变化如图 5-7 所示。随吸附剂投加量增加,溶液中 Cr(Ⅵ)浓度均呈现下降趋势。当吸附剂投加量为 1.3 g·L^{-1}时,吸附时间为 180 min,Cr(Ⅵ)去除率为 97.8%,溶液中 Cr(Ⅵ)剩余浓度为 1.37 mg·L^{-1},达到处理标准(≤1.5 mg·L^{-1});当吸附剂投加量增加为 1.5 g·L^{-1}时,吸附时间为 150 min,Cr(Ⅵ)去除率为 98.0%,此时溶液中 Cr(Ⅵ)剩余浓度为 1.22 mg·L^{-1},达到处理标准(≤1.5 mg·L^{-1});当吸附剂投加量增加为 1.7 g·L^{-1}时,吸附时间为 150 min,Cr(Ⅵ)去除率为 98.2%,此时溶液中 Cr(Ⅵ)剩余浓度为 1.10 mg·L^{-1},达到处理标准(≤1.5 mg·L^{-1})。通过比较不同投加量随时间变化对 Cr(Ⅵ)的去除率,投加量低于 1.5 g·L^{-1}时,投加量的增加可以显著缩短吸附时间;而投加量高于 1.5 g·L^{-1}时,在反应初始阶段,相同吸附时间内投加量大的去除率效果好,随着吸附时间的延长,在吸附后期,投加量的增大对去除效果没有显著提高,这可能是因为溶液中的 Cr(Ⅵ)在吸附剂上的吸附已接近饱和。

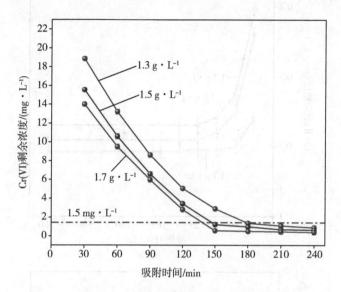

图 5-7　吸附剂投加量对实际废水中 Cr(Ⅵ)去除的影响

基于上述吸附实验可知,与响应面优化的预测值相比,相同的投加量条件下,达到 97.6% 以上的去除率所需吸附时间较理论预测值稍微延长,相对偏差为 3.5%~5.5%。上述结果与配制溶液相比,响应面优化预测值与实际值有一定偏差,可能是由于实际废水中存在共存阳离子,对 $CTAB/Fe_3O_4 - AS$ 的吸附效能有所影响。另外,该实际废水的 COD 为 403 mg·L^{-1},主要来源于塑件表面油脂及灰尘等其他污染物,也会对吸附剂吸附效能有一定影响。因此,利用响应面优化方程预测实际废水工艺参数时,需要在预测值的基础上提高相对应的参数值,以便获得理想的处理效果。

$CTAB/Fe_3O_4 - AS$ 对共存离子铜、锌也有吸附作用如图 5-10 所示,吸附 60 min 后,吸附剂就基本达到吸附平衡,Cu(Ⅱ)剩余浓度为 0.2 mg·L^{-1},Zu(Ⅱ)剩余浓度为 0.49 mg·L^{-1}。电镀废水排放标准中要求 Cu(Ⅱ)排放浓度为 1.0 mg·L^{-1},Zu(Ⅱ)排放浓度为 2 mg·L^{-1}。在本实验中,经吸附处理后 Cu(Ⅱ)、Zu(Ⅱ)均符合排放标准。

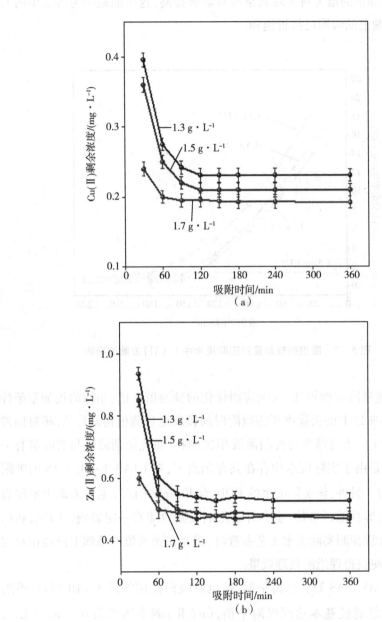

图 5-8　CTAB/Fe_3O_4-AS 对实际电镀废水中(a)Cu(Ⅱ)和(b)Zn(Ⅱ)的吸附效果

5.2.5 水处理工艺设计

目前园区针对实际电镀废水处理工艺过程为:镀铬废水进入调节池后,加入化学药剂进行还原沉淀法处理,待沉淀沉降完全之后,由于受溶度积常数限制,重金属铬不能达到排放标准,进而采用反渗透膜进行处理,保证出水达标。化学还原沉淀及反渗透工艺过程产生大量污泥和膜浓缩液,作为危险废弃物需定期处理,目前该处理工艺成本较高。

本章针对第3章和第4章的研究结果,基于 CTAB/Fe_3O_4 – AS 吸附特性及可进行磁分离的特点,根据实际电镀废水参数进行初步设计。pH 值为 1.94,初始 Cr(Ⅵ)浓度为 57.6~63.1 mg·L^{-1},按最大值变化不超过 5% 计算,实际最大浓度为 66.3 mg·L^{-1}。污水处理企业希望在含铬废水进入前采用低 pH 值回收技术对高含铬废水进行综合回收利用,并使总铬降低至 10 mg·L^{-1} 以下,其后续污水处理工艺对总铬实际处理效率可稳定在 85% 以上,保证出水总铬低于 1.5 mg·L^{-1} 的行业排放标准。

基于 AS 基吸附剂对实际废水处理结果,考虑实际重金属污染工业废水的需求及经济成本,选择序批式反应器。设计"生物吸附 + 磁性分离回收"的一体化处理工艺。该工艺在不调节实际废水 pH 值的前提下,通过 CTAB/Fe_3O_4 – AS 生物吸附剂的吸附将浓度为 57.6~63.1 mg·L^{-1} 的 Cr(Ⅵ)降至 0.5~1.5 mg·L^{-1},之后进入斜板沉淀及电磁分离,实现生物吸附剂的高效分离。生物吸附 + 磁性分离回收工艺去除水中 Cr(Ⅵ)设备参数如表 5 – 2 所示,工艺如图 5 – 9 所示。

表 5 – 2 生物吸附反应器设计主要参数

设备名称	尺寸	材质
原水箱	50 cm × 50 cm × 50 cm	碳钢(3 mm),内衬 PE
圆柱体	h = 100 cm,d = 50 cm	碳钢(3 mm),内衬 PE
圆锥底	h = 10 cm,d = 50 cm	碳钢(3 mm),内衬 PE
进水闸板	10 cm × 10 cm	碳钢(3 mm),内衬 PE
进水管径	DN50	PE 管材
进孢子粉管径	DN15	PE 管材

续表

设备名称	尺寸	材质
出水管径	DN50	PE 管材
排泥管径	DN50	PE 管材
放空管径	DN50	PE 管材

如图 5-9 所示,工艺设计主体由 4 部分构成,分别为原水箱、生物吸附反应池+电磁沉降池、吸附剂储罐和板框式压滤机。该工艺一个运行周期时间为 180 min,一周期处理水量 120 L。一天 24 h 共计运行 8 个周期,平均水力梯度取 500 s^{-1},GT 为 4.06×10^6。运行时间分配如下:进水 10 min、搅拌反应 135 min、沉淀时间 20 min(5 min 静置+10 min 下沉+5 min 静置),出水 10 min、排泥 5 min(3 min 强磁浓缩沉淀+2 min 排泥)。根据响应面计算实际废水处理结果,当吸附剂投加量为 1.66 g·L^{-1}时,1 周期处理需投加 200 g 吸附剂,抽吸量为 7%~10%,因此 117 L 水通过闸板进入生物吸附反应器,另抽 3 L 水用来将吸附剂负压抽吸进入反应装置;吸附后按照吸附剂质量增加 20% 计算,干污泥质量约为 250 g,按照吸附后含水率为一次排泥量最大为 8.3 L,经过板框压滤脱水后的含水率为 40%,回流 7.9 L 水至原水箱。搅拌桨功率应为 39.65 W,按照机械效率为 80% 计算,搅拌机的实际功率为 50 W,其转速为 20~30 r·min^{-1},搅拌时先快后慢,前 45 min 水力梯度为 600 s^{-1},中间 45 min 水力梯度为 500 s^{-1},最后 45 min 水力梯度为 400 s^{-1},共计搅拌 135 min,提高重金属离子在吸附剂表面的扩散速度,进而提高吸附效能。

第5章 黑曲霉孢子基吸附剂应用研究及吸附机制

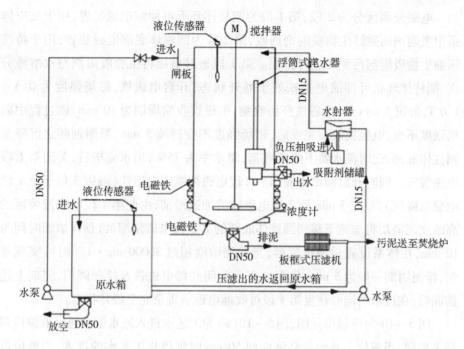

(a)

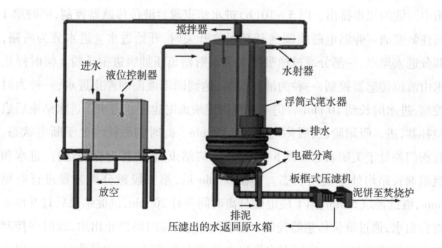

(b)

图5-9 生物吸附+磁性分离回收工艺(a)示意图和(b)三维图

电磁分离区分为 2 段,第 1 段为圆柱体环形可伸缩电磁装置,用于反应体系中吸附剂的磁性生物吸附剂回收,第 2 段为圆锥体底部电磁装置,用于持续压缩生物吸附剂污泥并进行排泥。第 1 段通过电磁将生物吸附剂与水溶液分离,圆柱体环状可伸缩电磁铁处于展开状态,开启电磁铁,磁场强度为 0.5~1.0 T,静沉 5 min 后,电磁铁开始收缩,电磁铁收缩周期为 10 min,该过程中磁场强度不变,电磁铁收缩完成后,磁场强度不变持续 5 min,吸附剂随之沉降至圆柱体底部,此时滗水器下降至底部,滗水率为 75%,出水完毕后,关闭第 1 段电磁装置。同时开启圆锥体底部第 2 段电磁浓缩区电磁铁(强磁 3 倍于第 1 段电磁沉降区),经过 3 min 第 2 段电磁铁的加速澄清,由此第 1 段电磁澄清区的高浓度泥渣层将加速下移到圆锥体底部的第 2 段电磁浓缩区,预计浓缩时间为 10 min,在体系设置污泥传感器,当污泥浓度超过 30000 mg·L^{-1}时可实现排泥,排泥周期一般为 5 min,排泥结束后关闭底部电磁铁及排泥阀门,完成上述排泥后,在进水的同时恢复第 1 段可收缩电磁装置至完全展开状态。

图 5-10 为控制单元图,图 5-10(a)为工艺水进入原水箱会通过液位传感器来控制,当液位上升到最高液面即 50 cm 时则停止工艺水的进入,当液位低于 15 cm 时继续开始工艺水的进入。当进行多个周期运行后打开排空阀将原水箱中沉淀的泥水排出。图 5-10(b)进水结束通过液位传感器控制,同时第 1 段圆柱侧壁的可伸缩电磁线圈展开至限位开关时,开始进水。进水分为两路,一部分进入原水,一部分通过抽吸原水经水射器负压抽吸进孢子粉。何时停止进水由液位传感器控制,一种为液位控制,达到固定液面即停止进水;一种为时序控制,进水时长到 10 min 后仍未达到固定液面时也停止进水。进水结束后启动搅拌器,进入吸附阶段,吸附时间为 135 min。此时的磁铁均处于断电状态,所有阀门均处于关闭状态。图 5-10(c)反应结束后,搅拌器停止运行,进水和进吸附剂管路均处于关闭状态。静沉 5 min 后,第 1 段磁分离装置进行收缩 10 min,继续静沉 5 min,第 1 段电磁分离时间共计 20 min,沉淀结束后打开出水阀进行出水,通过液位传感器控制,当到最底端液位时则停止出水,或时序控制即出水时间达到 10 min 后还有水排出也关闭出水阀门。出水结束后,第 1 段电磁铁关闭,第 2 段圆锥底电磁铁开启,进一步浓缩生物吸附剂沉淀 3 min 后,打开排泥阀进行 2 min 的排泥,排泥结束后电磁铁关闭,将排出的泥水送入板框式压滤机,将压滤出的泥饼送入焚烧炉,出水回流至原水箱。

第5章 黑曲霉孢子基吸附剂应用研究及吸附机制

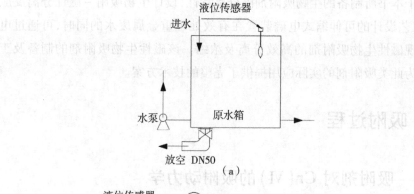

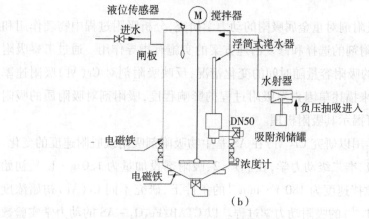

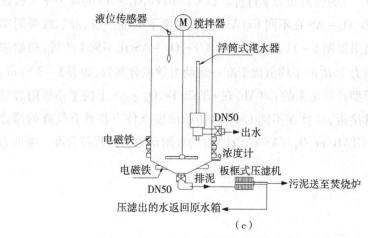

图 5-10 控制单元图
(a)原水箱进水;(b)进水与搅拌反应;(c)沉淀和排泥

基于本书所制备的生物吸附剂磁分离特性,设计生物吸附-磁性分离反应器,该工艺设计的可伸缩式电磁装置在有效处理重金属废水的同时,可通过电磁铁实现磁性生物吸附剂的高效分离及浓缩。该磁性生物吸附剂的制备及工艺设计为此类吸附剂的实际应用提供了完整的技术方案。

5.3 吸附过程

5.3.1 吸附剂对 Cr(Ⅵ) 的吸附动力学

通过生物吸附剂对重金属吸附的动力学研究,分析吸附过程中物理作用和化学作用,对吸附剂的选择和修复治理方案的实施有指导作用。通过考察吸附过程中 Cr(Ⅵ) 的吸附容量随时间的变化情况,反映吸附剂对 Cr(Ⅵ) 吸附速率的快慢,可以用来描述单因素对吸附过程的影响程度,吸附剂对吸附质的吸附动力学模型则可揭示其吸附机理。

吸附动力学用以研究 Cr(Ⅵ) 在 AS 基生物吸附剂吸附或脱附速度的变化。本书采用准一级、准二级动力学,在 pH = 2、吸附剂投加量为 $1.0\ \text{g}\cdot\text{L}^{-1}$、初始温度为 30 ℃、搅拌速度为 $180\ \text{r}\cdot\text{min}^{-1}$ 的条件下,研究不同 Cr(Ⅵ) 初始浓度($50\sim400\ \text{mg}\cdot\text{L}^{-1}$)的吸附动力学过程。以 $CTAB/Fe_3O_4-AS$ 的动力学实验数据为例,$CTAB/Fe_3O_4-AS$ 在不同 Cr(Ⅵ) 初始浓度下的准一级、准二级吸附动力学曲线拟合结果如图 5-11 所示。$CTAB/Fe_3O_4-AS$ 在不同 Cr(Ⅵ) 初始浓度下的准二级动力学 R^2 的平均值优于准一级动力学拟合参数,如表 5-3 所示。准二级动力学模型计算出来的 Cr(Ⅵ) 在 $CTAB/Fe_3O_4-AS$ 上的平衡吸附容量与实验结果非常接近,并且在不同 Cr(Ⅵ) 初始浓度条件下都具有较高的拟合相关系数,表明 $CTAB/Fe_3O_4-AS$ 对 Cr(Ⅵ) 的吸附动力学过程符合准二级动力学模型。

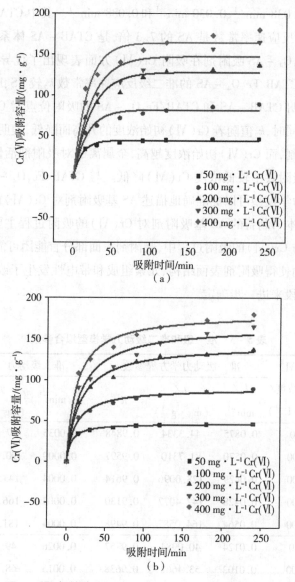

图 5-11 不同 Cr(Ⅵ)初始浓度下 CTAB/Fe_3O_4-AS 对 Cr(Ⅵ)的吸附动力学曲线
(a)准一级动力学曲线;(b)准二级动力学曲线

AS 基吸附剂对 Cr(Ⅵ)的吸附动力学参数如表 5-3 所示。AS、FT-AS、CTAB-AS、Fe_3O_4-AS 和 CTAB/Fe_3O_4-AS 对初始浓度为 50 mg·L^{-1} 的 Cr(Ⅵ)溶液体系下的准一级反应速率常数 k_1 分别为:0.012 min^{-1}、

0.052 min^{-1}、0.038 min^{-1}、0.030 min^{-1}和0.088 min^{-1}。其中CTAB/Fe$_3$O$_4$ – AS 对Cr(Ⅵ)吸附反应速率常数是AS的7.3倍,是CTAB – AS体系的2.3倍,这表明CTAB/Fe$_3$O$_4$ – AS吸附剂在吸附Cr(Ⅵ)方面表现出了优异的吸附性能。CTAB – AS和CTAB/Fe$_3$O$_4$ – AS的准二级反应速率常数k_2较AS、FT – AS和Fe$_3$O$_4$ – AS低,表明CTAB – AS和CTAB/Fe$_3$O$_4$ – AS的吸附位点对Cr(Ⅵ)具有较高的亲和性。同时,k_2值随着Cr(Ⅵ)初始浓度的升高而降低,表明AS基吸附剂受活性位点限制,而Cr(Ⅵ)初始浓度越高,金属离子对吸附剂活性位点的竞争就越大,因此吸附效率较低浓度Cr(Ⅵ)降低。与CTAB/Fe$_3$O$_4$ – AS的情况相似,准二级动力学模型可以更准确地描述AS基吸附剂对Cr(Ⅵ)的吸附动力学过程。这说明本书制备的AS基吸附剂对Cr(Ⅵ)的吸附过程主要为化学吸附过程,吸附剂与Cr(Ⅵ)的吸附过程中,吸附剂表面部分官能团可能与Cr(Ⅵ)发生了作用,从而使得吸附剂表面结构、元素组成和带电性发生了改变,后续需通过其他表征手段来进一步确定。

表5 – 3 准一级和准二级动力学模型拟合参数

吸附剂	Cr(Ⅵ)初始浓度/(mg·L^{-1})	准一级动力学方程参数			准二级动力学方程参数		
		k_1/min^{-1}	q_e/(mg·g^{-1})	R^2	k_2/min^{-1}	q_e/(mg·g^{-1})	R^2
CTAB/Fe$_3$O$_4$ – AS	50	0.0875	44.3334	0.9848	0.0035	47.0292	0.9985
	100	0.0570	81.7310	0.9597	0.0009	90.0454	0.9912
	200	0.0429	128.0096	0.9614	0.0004	143.8136	0.9898
	300	0.0428	147.4077	0.9130	0.0003	166.5699	0.9659
	400	0.0564	164.0587	0.9498	0.0004	181.2519	0.9864
AS	50	0.0124	40.0984	0.9757	0.0026	49.8118	0.9942
	100	0.0102	53.4662	0.9638	0.0015	68.0770	0.9878
	200	0.0094	90.6756	0.9840	0.0007	117.7962	0.9934
	300	0.0107	109.3298	0.8840	0.0008	135.6642	0.9317
	400	0.0210	122.7310	0.8726	0.0019	141.7299	0.9713

续表

吸附剂	Cr(Ⅵ)初始浓度/($mg \cdot L^{-1}$)	准一级动力学方程参数			准二级动力学方程参数		
		k_1/min^{-1}	q_e/($mg \cdot g^{-1}$)	R^2	k_2/min^{-1}	q_e/($mg \cdot g^{-1}$)	R^2
CTAB-AS	50	0.0375	44.5759	0.8627	0.0013	48.6429	0.9974
	100	0.0173	65.8391	0.8332	0.0003	76.8092	0.9394
	200	0.0283	121.0997	0.7374	0.0003	136.4400	0.9225
	300	0.0293	133.7767	0.8396	0.0003	149.8779	0.9692
	400	0.0490	165.9296	0.6505	0.0005	177.7356	0.9052
Fe_3O_4-AS	50	0.0296	24.6043	0.7884	0.0016	27.5223	0.9555
	100	0.0197	36.7447	0.8791	0.0060	42.4746	0.9708
	200	0.0178	51.0731	0.8497	0.0038	59.6469	0.9509
	300	0.0161	64.1576	0.8609	0.0026	75.8529	0.9521
	400	0.0574	76.0219	0.7292	0.0015	80.3605	0.9687
FT-AS	50	0.0516	33.9023	0.9431	0.0019	37.7419	0.9834
	100	0.0427	46.2945	0.9522	0.0011	52.2632	0.9883
	150	0.0484	49.1394	0.9626	0.0012	54.9679	0.9928
	200	0.0577	57.7912	0.9421	0.0013	64.0591	0.9807
	250	0.0621	67.5856	0.9691	0.0012	74.0461	0.9933

5.3.2 吸附剂对 Cr(Ⅵ)的吸附等温线

吸附等温线是指在一定温度条件下,不同初始浓度的 Cr(Ⅵ)在吸附达到平衡时溶液浓度和吸附容量之间的关系。利用两个经典吸附等温线模型(Langmuir 和 Freundlich)来描绘在三个温度(20 ℃、30 ℃、40 ℃)下,pH = 2、Cr(Ⅵ)初始浓度为 50~400 $mg \cdot L^{-1}$、吸附时间为 240 min、CTAB/Fe_3O_4-AS 对 Cr(Ⅵ)的吸附等温线,如图 5-12 和表 5-4 所示。从图 5-12 拟合结果图可知,Freundlich 模型拟合效果(R^2 值分别为 0.9723、0.9669、0.9759)优于 Langmuir 模型拟合效果(R^2 值分别为 0.9583、0.9648、0.8292),并且 Freundlich 模型拟合结果中,CTAB/Fe_3O_4-AS 对 Cr(Ⅵ)的最大吸附容量值与实验值接近。以上结果表明,CTAB/Fe$_3$O$_4$ – AS 对 Cr(Ⅵ)的吸附符合 Freundlich 模型,该模型中的 $1/n$ 值均小于 0.5,表明吸附过程以多分子层吸附为主,且吸附剂与 Cr(Ⅵ)之间具有很强的亲和力。

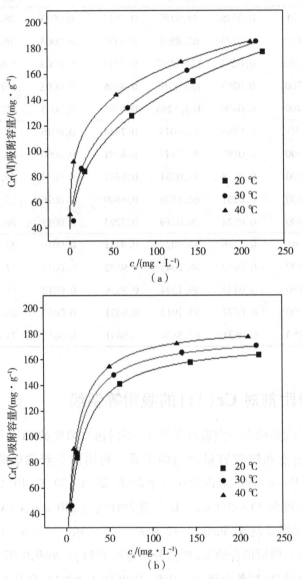

图 5 – 12 CTAB/Fe$_3$O$_4$ – AS 对 Cr(Ⅵ)的(a) Freundlich 和(b) Langmuir 模型

由表 5-4 中所列出的吸附等温线拟合系数 R^2 可以看出,本书制备的 AS 基吸附剂对 Cr(Ⅵ)的 Freundlich 模型拟合相关系数均优于 Langmuir 模型,因此 AS 基吸附剂对 Cr(Ⅵ)均符合 Freundlich 模型,为多分子层吸附过程。从表 5-4 中可以看出,Fe_3O_4-AS 和 CTAB/Fe_3O_4-AS 的 Langmuir 模型的拟合效果优于 AS,这可能是材料表面经过磁化修饰后,Fe_3O_4 磁性纳米颗粒均匀包覆在 AS 表面,使得吸附剂表面官能团分布更加均匀。同时,各吸附剂的 Freundlich 常数 K_F 随着温度的升高而增大,这进一步表明 AS 基吸附剂对 Cr(Ⅵ)的吸附是一个吸热过程。此外,各吸附剂的 Freundlich AS 模型常数 $1/n$ 值均小于 0.5,同时,CTAB-AS 和 CTAB/Fe_3O_4-AS 的 $1/n$ 值更小,说明其对 Cr(Ⅵ)的吸附速率常数更大,这与实验结果相符。如表 5-5 所示,将本书制备的 CTAB/Fe_3O_4-AS 对 Cr(Ⅵ)的吸附效能同其他文献报道的经 CTAB 改性的同类生物吸附剂进行对比,结果表明,本书制备的 CTAB/Fe_2O_4-AS 的吸附剂对 Cr(Ⅵ)的吸附效能较强,在重金属废水处理中具有较大的应用潜力。

表 5-4 吸附剂对 Cr(Ⅵ)的吸附等温线拟合参数

吸附剂	T/℃	Freundlich 方程参数			Langmuir 方程参数		
		K_F/(mg·g^{-1})	$1/n$	R^2	K_L	q_m/(mg·g^{-1})	R^2
CTAB/Fe_3O_4-AS	20 ℃	35.8716	0.2957	0.9723	0.0667	174.5770	0.9583
	30 ℃	41.6116	0.2774	0.9669	0.0860	178.9538	0.9648
	40 ℃	66.6501	0.1920	0.9759	0.0954	186.6345	0.8292
AS	20 ℃	9.1252	0.4373	0.9333	0.0129	129.6951	0.7628
	30 ℃	9.0249	0.4551	0.9637	0.0102	153.8332	0.8590
	40 ℃	11.8165	0.4308	0.9799	0.0129	162.6613	0.8905
CTAB-AS	20 ℃	18.6417	0.3879	0.9778	0.0178	185.4213	0.8522
	30 ℃	22.6493	0.3619	0.9741	0.0215	187.9749	0.8436
	40 ℃	34.5338	0.2962	0.9634	0.0316	188.9241	0.7761

续表

吸附剂	T/℃	Freundlich 方程参数			Langmuir 方程参数		
		K_F/(mg·g^{-1})	$1/n$	R^2	K_L	q_m/(mg·g^{-1})	R^2
Fe$_3$O$_4$-AS	20 ℃	4.8365	0.4351	0.9961	0.0103	75.2803	0.9636
	30 ℃	5.4690	0.4477	0.9885	0.0104	90.3075	0.9373
	40 ℃	6.8362	0.4412	0.9869	0.0113	105.6231	0.9285
FT-AS	20 ℃	8.0333	0.4648	0.9460	0.0090	150.3018	0.8192
	30 ℃	9.7537	0.4474	0.9712	0.0106	156.9432	0.8765
	40 ℃	12.3882	0.4264	0.9765	0.0128	166.9418	0.8754

表 5-5 CTAB/Fe$_3$O$_4$-AS 与其他经 CTAB 修饰的同类吸附剂对 Cr(Ⅵ) 的吸附效能对比

吸附剂	Cr(Ⅵ)吸附容量/(mg·g^{-1})
GP-CTAB 高岭土	95.30
CL 树叶	—
CM/CTAB 煤矸石	55.09
CTAB/CC 碳化煤炭	82.00
Fe$_3$O$_4$/CTAB	18.50
MAADB 菌糠生物炭	24.90
CS-CTA-MCM 壳聚糖	125.00
CTAB/Fe$_3$O$_4$-AS	187.00

5.3.3 吸附剂对 Cr(Ⅵ) 的吸附热力学研究

笔者利用 Vant Hoff's 方程计算了生物吸附剂吸附水中 Cr(Ⅵ) 的热力学参数如表 5-6 所示。在三个温度(20 ℃、30 ℃、40 ℃)下，CTAB/Fe$_3$O$_4$-AS 吸附剂的 ΔG^0 均为负值(-19.9 kJ·mol^{-1}、-21.2 kJ·mol^{-1} 和 -22.2 kJ·mol^{-1})，这表明吸附过程是自发的。CTAB/Fe$_3$O$_4$-AS 的 ΔS^0(0.1148 kJ·mol^{-1})为正值，表明吸附过程中固溶界面处的随机性增大。CTAB/Fe$_3$O$_4$-AS 的 ΔH^0 为正值(13.7189 kJ·mol^{-1})，说明吸附剂具有吸热性质。

笔者根据 AS 基吸附剂的吸附等温曲线拟合数值,计算了其他孢子基吸附剂对 Cr(VI)的吸附热力学参数,如表 5-6 所示。AS 基吸附剂的 ΔG^0 均为负值,ΔH^0 均为正值,ΔS^0 均为正值,这说明本书制备的 AS 基吸附剂对 Cr(VI)的吸附过程均为无序自发吸热过程,热力学实验结果与吸附等温实验结果相符。

表 5-6 吸附剂对 Cr(VI)的吸附热力学参数

吸附剂	T/K	$\Delta G^0/(kJ \cdot mol^{-1})$	$\Delta S^0/(kJ \cdot mol^{-1})$	$\Delta H^0/(kJ \cdot mol^{-1})$
AS	293.15	-17.9370		
	303.15	-18.6290	0.1365	10.6635
	313.15	-18.4230		
FT-AS	293.15	-14.9772		
	303.15	-15.8994	0.0975	13.6100
	313.15	-16.9288		
CTAB-AS	293.15	-17.9370		
	303.15	-18.6290	0.13098	21.8126
	313.15	-18.4230		
Fe_3O_4-AS	293.15	-15.3120		
	303.15	-15.8610	0.0643	3.5748
	313.15	-16.6030		
CTAB/Fe_3O_4-AS	293.15	-19.8671		
	303.15	-21.1848	0.1148	13.7189
	313.15	-22.1545		

5.4 基于材料表征的吸附剂对 Cr(Ⅵ)的吸附机制研究

5.4.1 CTAB/Fe$_3$O$_4$ – AS 吸附 Cr(Ⅵ)后表观形貌变化

为了更好地分析 CTAB/Fe$_3$O$_4$ – AS 吸附剂对 Cr(Ⅵ)的吸附作用机制,笔者对吸附 Cr(Ⅵ)后的 CTAB/Fe$_3$O$_4$ – AS 吸附剂的形貌进行观察。通过 SEM 对 CTAB/Fe$_3$O$_4$ – AS 吸附剂进行表面形貌及元素分布观察,如图 5 – 13 所示。

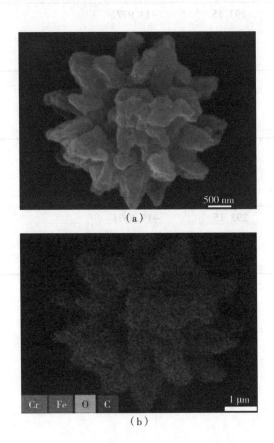

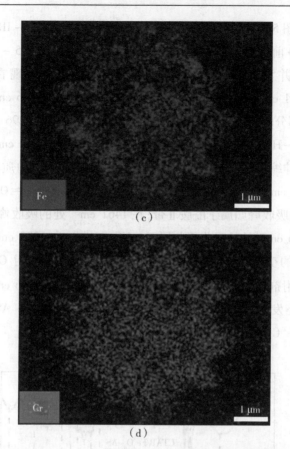

图 5-13 CTAB/Fe_3O_4-AS 吸附 Cr(Ⅵ) 后的形貌与表面元素分布图
(a)SEM 图;(b)整体元素分布;(c)Fe 分布;(d)Cr 分布

如图 5-13(a)所示,CTAB/Fe_3O_4-AS 吸附 Cr(Ⅵ) 前后依旧保持了 AS 原有的表观形貌,从图 5-13(b)~(d)中可以看出,Fe 元素及 Cr 元素均匀分布于复合生物吸附剂表面。这表明,采用水基磁流体对 AS 进行磁性修饰后,在吸附剂表面没有出现 Fe 元素的聚集情况,同时,Fe 元素的分布也并未影响 Cr 元素在吸附剂表面的沉积。如图 5-13(d)所示,Cr 元素均匀沉积在整个 CTAB/Fe_3O_4-AS 表面,沉积于吸附剂褶皱之上,吸附位点被均匀填满,未发生聚集现象。

5.4.2 CTAB/Fe_3O_4-AS 吸附 Cr(Ⅵ) 前后官能团变化

生物体表面的羧基、羟基、酰胺基等官能团在重金属离子的吸附过程中起着关键作用。图 5-14 为 CTAB/Fe₃O₄-AS 吸附前后的 FT-IR 图,分析比较了吸附 Cr(Ⅵ)前后吸附剂表面官能团的变化情况。由图 5-14 可知,吸附 Cr(Ⅵ)前后,并没有出现新的官能团,吸收峰分别出现在 3296 cm^{-1}、2923 cm^{-1}、1741 cm^{-1}、1622 cm^{-1}、1555 cm^{-1}、1461 cm^{-1}、1256 cm^{-1}、1077 cm^{-1} 处,吸附剂大部分峰的位置及形状没有明显变化。其中,在 3296 cm^{-1} 处的宽吸收峰归属于 O—H 及 N—H 的伸缩振动;在 2923 cm^{-1} 和 2851 cm^{-1} 处的吸收峰归属于 C—H 伸缩振动;在 1741 cm^{-1} 处的吸收峰归属于蛋白质的 C=O 伸缩振动;在 1622 cm^{-1} 处的狭长谱带归属于酰胺Ⅰ带(C=O,—NH—);在 1555 cm^{-1} 处的吸收峰归属于酰胺Ⅱ带;在 1461 cm^{-1} 处的吸收峰归属于 C=N 的振动;在 1256 cm^{-1} 处的吸收峰归属于—NO_2 双键振动;1077 cm^{-1} 处的吸收峰归属于 C—O 的变形和收缩。对于 CTAB/Fe₃O₄-AS 吸附 Cr(Ⅵ)前后的 FT-IR 图,吸附剂吸附 Cr(Ⅵ)后,吸附剂的 FT-IR 图在 3296 cm^{-1}、1555 cm^{-1} 及 1077 cm^{-1} 处发生了位移。这一结果表明 CTAB/Fe₃O₄-AS 上的 O—H、C=O、—NH—、C=N 及 C—O 均参与了 Cr(Ⅵ)吸附过程。

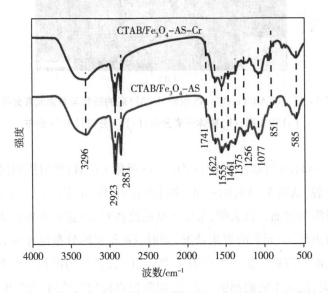

图 5-14 CTAB/Fe₃O₄-AS 吸附 Cr(Ⅵ)前后的 FT-IR 图

5.4.3 吸附态铬元素电子结构及配位结构信息

通过 XAFS 对 AS 基吸附剂吸附 Cr(Ⅵ)后的电子结构和配位结构进行测试。X 射线近边吸收精细结构(XANES)如图 5-15 所示,显示了 4 种含 Cr 吸附剂在吸附过程中因 1s 到 3d 轨道跃迁信号不同引起的迁移强度和轻微的边缘能量移动情况。AS 吸附 Cr(Ⅵ)后基本没有 Cr(Ⅵ)的"近边"特征吸收峰,证明 Cr(Ⅵ)在 AS 表面存在的量很少。CTAB/Fe_3O_4-AS 的 XANES 数据在 5997.3 eV 处出现微弱的"近边"特征吸收峰,箭头处为 $K_2Cr_2O_7$ 样品吸收峰,因此推测 CTAB/Fe_3O_4-AS 吸附 Cr(Ⅵ)后将一部分 Cr(Ⅵ)还原为 Cr(Ⅲ),并且 CTAB/Fe_3O_4-AS 表面还存在一部分高价态的 Cr(Ⅵ)没有完全转化为 Cr(Ⅲ)。图中 AS 和 CTAB/Fe_3O_4-AS 表面 Cr 元素的"近边"特征吸收峰介于 Cr_2O_3 和铬箔两者之间。此外,与铬箔相比,AS 和 CTAB/Fe_3O_4-AS 吸附剂表面 Cr 的能量转移到 5986~6013 eV 之间,两种吸附剂的主峰位置与 Cr_2O_3 位置接近。

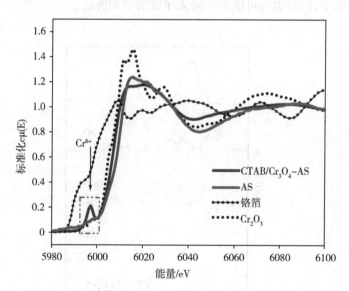

图 5-15 吸附 Cr(Ⅵ)后的 CTAB/Fe_3O_4-AS、AS 和 Cr 标准品的 XANES 谱图

XANES 分析结果表明,AS 和 CTAB/Fe_3O_4-AS 所吸附的铬的整体价态均介于铬箔和 Cr_2O_3 之间,金属铬可以通过不同的价态形式存在于吸附剂表面,因此推测吸附剂对 Cr(Ⅵ)存在多种吸附作用形式。关于铬具体通过什么形式与

吸附剂结合,还需其他表征手段进行确定。

EXAFS 及小波数变换如图 5-16 所示,选用铬箔、Cr_2O_3 及 CrO_2 为标准样品来进行对比分析。分析图 5-16(a) 中 AS 和 CTAB/Fe_3O_4-AS 的傅里叶变换的峰值,Cr 原子在 1.6 Å 处存在一个主峰,即 Cr 的配位结构为 Cr—N/O。EXAFS 不能明确区分邻近元素,但由于样品主体成分是生物吸附剂吸附 Cr(Ⅵ),因此推测是 Cr—O 或者 Cr—N 的配位结构。如表 5-7 所示,这个猜想在壳层拟合结果中得到了验证,在 AS 中得到了键长为 1.95 Å 的 Cr—O/N。AS 和 CTAB/Fe_3O_4-AS 中 Cr 原子以 Cr—O 或 Cr—N 形式存在,配位辐射距离为 1.6 Å。图 5-16(b) 所示的小波数变换(WT)图是一种用二维图像方式来表示三维信息的技术,图片上不同的颜色代表吸附剂峰的高度,它不仅可以区分出配位原子的距离(即键长),还能区分配位原子的种类(用于定性,原子序数越大,峰的位置越靠右)。CTAB/Fe_3O_4-AS 样品的 WT 图中信号最强烈区域明显拥有更大的展宽,这可能是由于样品中 Cr 的配位环境中同时存在多种贡献相似的配位原子,同时也有可能是空间无序度的增加所致。

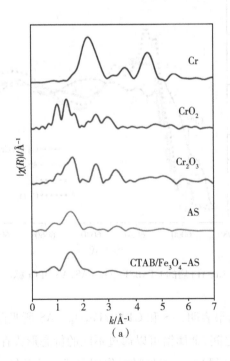

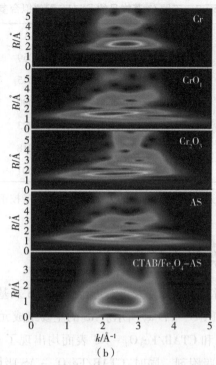

图 5-16 （a）AS、CTAB/Fe$_3$O$_4$-AS 和 Cr 标准品的
EXAFS 光谱的傅里叶变换和（b）小波数变换图

通过 EXAFS 壳层拟合可以得到最基本的配位元素、键长、配位数等配位结构信息。如表 5-7 所示，通过 EXAFS 拟合可以得到 AS 和 CTAB/Fe$_3$O$_4$-AS 中的 Cr 原子与 O 元素或 N 元素的配位，对应配位数都是 3，AS 表面 Cr 元素与配位元素的键长为 1.95 Å，CTAB/Fe$_3$O$_4$-AS 表面 Cr 元素与配位元素的键长为 2.00 Å，AS 和 CTAB/Fe$_3$O$_4$-AS 均没有出现明显第二壳层信息。一般来说，若 $\sigma^2 < 0.01$，$|\Delta E_0| < 10$ eV，R 因子 < 0.02，那么这些指标在一定程度上是可以接受的。因此，最终推测是三配位的 Cr 存在于 CTAB/Fe$_3$O$_4$-AS 表面，与 Cr 相连的可能是 O 或 N，还需进一步通过材料表面元素分析进行确定。

表 5-7 不同 Cr 基样品的 EXAFS 配位拟合参数

样品	壳	CN	R/Å	σ^2/Å^2	ΔE_0/eV	R 因子
铬箔	Cr-Cr1	8	2.49	0.0059	3.75	0.0007
	Cr-Cr2	6	2.86	0.0045		
Cr$_2$O$_3$	Cr-O1	3	1.96	0.0090	3.20	0.0197
	Cr-O1	3	1.98	0.0023	9.05	
AS	Cr-O/N	3	1.95	0.0018	2.18	0.0066
CTAB/Fe$_3$O$_4$-AS	Cr-O/N	3	2.00	0.0001	0.09	0.0179

注:CN 为配位数,R 为键长,σ^2 为体系的无序度,ΔE_0 为能量校正,R 因子为拟合优度。

5.4.4 吸附剂化学态与分子结构

采用 XPS 对吸附剂表面元素及价态进行分析,AS 及基于 AS 所制备的系列吸附剂的 XPS 全谱如图 5-17(a)所示。AS 的主要组成元素为 C、N、O,经磁性修饰后的 Fe$_3$O$_4$-AS 和 CTAB/Fe$_3$O$_4$-AS 表面均出现了 Fe 元素特征峰,证明成功制备了磁性生物吸附剂。同时,CTAB/Fe$_3$O$_4$-AS 吸附 Cr(Ⅵ)后,可以清晰地看出吸附剂表面 Cr 元素的特征峰,这与 CTAB/Fe$_3$O$_4$-AS 的 SEM 结果相同,证明 Cr 元素成功吸附在吸附剂表面。

CTAB/Fe$_3$O$_4$-AS 吸附 Cr(Ⅵ)前后的 Fe 2p XPS 谱图如图 5-17(b)所示,吸附前 CTAB/Fe$_3$O$_4$-AS 的 Fe 元素结合能为 710.57 eV 和 724.35 eV,吸附后 CTAB/Fe$_3$O$_4$-AS 的 Fe 元素结合能基本不变,为 710.51 eV 和 724.38 eV。由此可知,吸附剂表面的 Fe$_3$O$_4$ 磁性纳米颗粒虽然会占据吸附剂对 Cr(Ⅵ)的吸附活性位点,但 Fe 元素并未参与到吸附剂对 Cr(Ⅵ)的吸附过程中,因此可以排除吸附过程中 Fe 与 Cr(Ⅵ)的相互作用。由于图 5-17(a)中吸附后 CTAB/Fe$_3$O$_4$-AS 的 Cr 2p 特征峰与 O 1s 轨道的特征峰重叠,故对吸附后 AS 和 CTAB/Fe$_3$O$_4$-AS 的 XPS 谱图进行分峰处理,得到的 576.6~577.9 eV 和 586.0~588.0 eV 的特征峰,分别对应于 Cr(Ⅲ)和 Cr(Ⅵ)的特征峰。

第5章 黑曲霉孢子基吸附剂应用研究及吸附机制

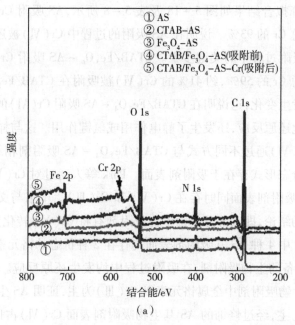

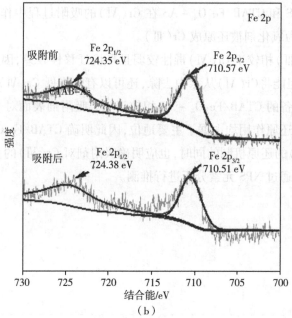

图 5-17 (a) AS 基吸附剂的 XPS 全谱；
(b) CTAB/Fe_3O_4 - AS 吸附 Cr(Ⅵ) 前后 Fe 元素的 XPS 分峰拟合结果

Cr 的分峰拟合结果如图 5-18 及表 5-8 所示,AS 吸附 Cr(Ⅵ)后获得的 Cr(Ⅲ)约占总 Cr 的 93%。说明在 AS 吸附的过程中 Cr(Ⅵ)被还原为 Cr(Ⅲ),还原作用是吸附过程中的关键步骤。CTAB/Fe_3O_4 - AS 吸附 Cr(Ⅵ)后获得的 Cr(Ⅲ)约占总 Cr 的 59%,约 41% 的 Cr(Ⅵ)被吸附在 CTAB/Fe_3O_4 - AS 表面,且价态并未发生变化,这说明在 CTAB/Fe_3O_4 - AS 吸附 Cr(Ⅵ)的过程中可能不仅发生了氧化还原反应,还发生了静电作用或氢键作用。这与样品的同步辐射结果一致,Cr(Ⅵ)通过不同方式与 CTAB/Fe_3O_4 - AS 吸附剂相结合,可能也会通过不同的价态形式存在于吸附剂表面。Park 等人通过对 Cr(Ⅵ)的解吸附实验发现,生物吸附剂表面同时存在 Cr(Ⅵ)和 Cr(Ⅲ)。本书与文献报道的研究得出了相同的结论,即大部分真菌生物吸附剂有将 Cr(Ⅵ)转化为 Cr(Ⅲ)的能力。图 5-18 中 4 种 AS 基吸附剂表面均存在 2 种价态的铬元素,证明 Cr(Ⅵ)基于 AS 所制备的生物吸附剂,在吸附过程中均发生还原反应。从 XPS 分析结果可知,AS 生物吸附剂中金属铬元素以 Cr(Ⅲ)为主,证明 AS 生物吸附剂以还原吸附作用为主,经过修饰的 AS 基生物吸附剂表面 Cr(Ⅵ)占比大于 AS 表面的 Cr(Ⅵ)。AS 和 CTAB/Fe_3O_4 - AS 在 Cr(Ⅵ)的吸附过程中作为还原剂被氧化,Cr(Ⅵ)作为氧化剂被还原成 Cr(Ⅲ)。

由于 Cr(Ⅲ)相较于 Cr(Ⅵ)毒性较弱且环境迁移性较差,因此,选择 AS 作为吸附剂,不但能将 Cr(Ⅵ)从水中去除,还可以有效降低 Cr(Ⅵ)在环境中的毒性。本书所制备的 CTAB/Fe_3O_4 - AS 相较于 AS,吸附剂表面对 Cr(Ⅵ)的直接吸附作用以及还原作用均占据了主要地位,因此明确 CTAB/Fe_3O_4 - AS 表面官能团对 Cr(Ⅵ)的还原机制的同时,也应明确吸附剂对 Cr(Ⅵ)的直接吸附行为,故需要进一步通过 XPS 元素分析进行推测。

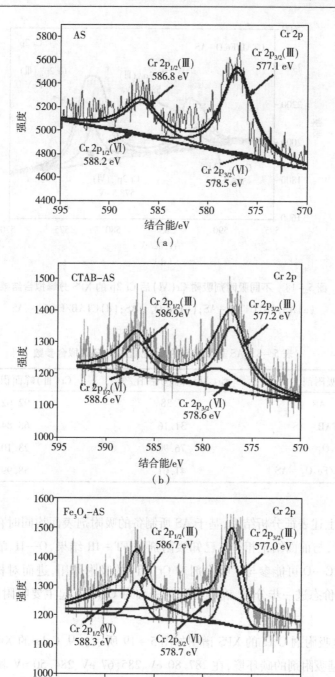

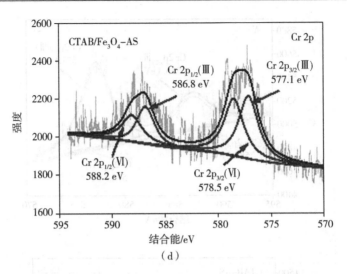

图 5-18 不同吸附剂吸附 Cr(Ⅵ)后 Cr 2p 的 XPS 分峰拟合结果
(a)AS;(b)CTAB-AS;(c)Fe₃O₄-AS;(d)CTAB/Fe₃O₄-AS

表 5-8 AS 基吸附剂的 Cr 元素 XPS 分峰拟合参数

吸附剂	Cr(Ⅵ)峰面积占比/%	Cr(Ⅲ)峰面积占比/%
AS	7.38	92.62
CTAB-AS	31.16	68.84
Fe_3O_4-AS	76.90	23.10
CTAB/Fe_3O_4-AS	41.01	58.99

根据上述表征分析结果,基于 AS 所制备的吸附剂表面均同时存在 Cr(Ⅲ)和 Cr(Ⅵ),与前面结论相符。已知吸附剂的 FT-IR 结果,O—H、酰胺Ⅰ带、酰胺Ⅱ带及 C—O 可能参与了吸附剂对 Cr(Ⅵ)的吸附作用,进而对材料表面 C、N、O 元素价态进一步分析,确定吸附剂表面对 Cr(Ⅵ)起主要吸附作用的活性位点。

AS 基吸附剂 C 1s 的 XPS 谱图如图 5-19 所示。从 C 1s 的 XPS 谱图中发现了 AS 基吸附剂的碳环境,在 287.80 eV、285.67 eV、284.50 eV 和 283.95 eV 处的 4 个峰分别对应于 C=O、C—N、C—C 和 C—H,证明吸附剂中存在丰富的官能团。

由图 5-19(a)所示,通过 CTAB 修饰后所获得的 CTAB-AS 和 CTAB/Fe_3O_4-AS 的 C=O 和 C—N 基团的结合能,较 AS 和 Fe_3O_4-AS 分别提高约 0.1 eV 和 0.3 eV。CTAB 作为典型的缺电子基团,与 AS 和 Fe_3O_4-AS 复合后与吸附剂表面的酰胺基团相互作用,而与 CTAB 相连的 C=O 基团的电子云密度也随之降低,故 CTAB-AS 和 CTAB/Fe_3O_4-AS 的 C=O 基团结合能较 CTAB 修饰前升高。如图 5-19(b)所示,AS 基吸附剂吸附 Cr(Ⅵ)后,吸附剂的 C=O 基团的结合能均较吸附前降低,证明 C=O 基团中的 C 原子可能在 Cr(Ⅵ)吸附过程中得到电子。

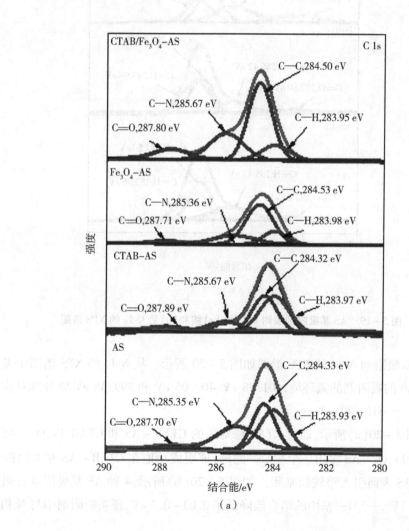

(a)

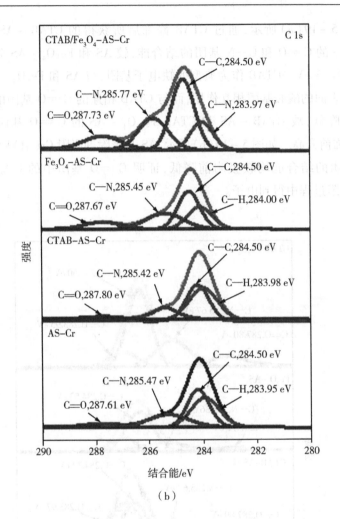

图5-19 AS基吸附剂吸附Cr(Ⅵ)(a)前和(b)后C 1s的XPS谱图

AS基吸附剂N 1s的XPS谱图如图5-20所示。从N 1s的XPS谱图中发现基于AS的吸附剂的氮环境,401.98 eV、400.05 eV和399.38 eV处分别对应于—CN^+、—NH—和—N=。

如图5-20(a)所示,通过CTAB修饰后的CTAB-AS和CTAB/Fe_3O_4-AS比AS和Fe_3O_4-AS多出一个—CN^+的峰,证明成功地在CTAB-AS和CTAB/Fe_3O_4-AS表面引入季铵盐基团。如图5-20(b)所示,4种AS基吸附剂在吸附Cr(Ⅵ)后,—NH—基团的结合能降低了0.03~0.3 eV,证明吸附剂中与N相邻的原子的电子云向 N 原子迁移。结合 C 1s 的 XPS 谱图分析，AS 基吸附剂吸附 Cr(Ⅵ)过程中，C—N 基团的 C 原子基本上处于缺电子状态，电子云从 C 原子迁移至相邻 N 原子上，说明 C—N 官能团参与 AS 基吸附剂对 Cr(Ⅵ)的吸附过程。同时，—NH—官能团在吸附剂吸附 Cr(Ⅵ)后，峰面积变小，几乎消失，且—CN$^+$ 的峰面积增大，说明 Cr(Ⅵ)吸附过程中，—NH—官能团失电子转变为 NH$^+$ 或 C—N$^+$ 基团。当 Cr(Ⅵ)与—NH—基团发生螯合或配位时，基团上电子转移到 Cr(Ⅵ)的未占据轨道，并将 Cr(Ⅵ)还原为 Cr(Ⅲ)，这也证明吸附剂上的—NH—基团主要参与了 Cr(Ⅵ)的吸附还原过程。

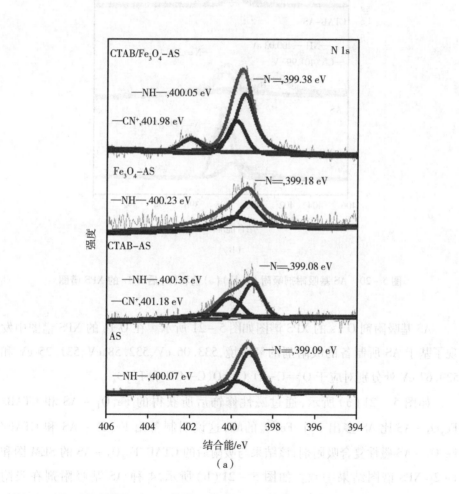

(a)

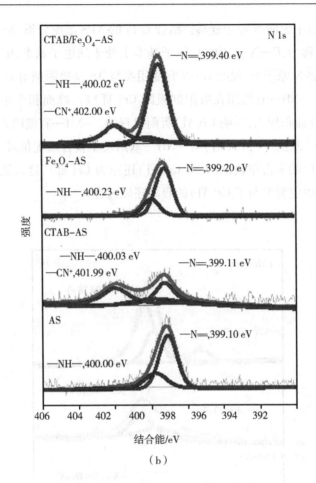

图 5-20 AS 基吸附剂吸附 Cr(Ⅵ)(a)前和(b)后 N 1s 的 XPS 谱图

AS 基吸附剂 O 1s 的 XPS 谱图如图 5-21 所示。在 O 1s 的 XPS 谱图中发现了基于 AS 所制备的吸附剂的氧环境,533.06 eV、532.58 eV、531.25 eV 和 529.67 eV 处分别对应于 O=C—O、C=O、C—OH 和 Fe_3O_4。

如图 5-21(a)所示,通过磁性修饰后所获得的 Fe_3O_4-AS 和 CTAB/Fe_3O_4-AS 比 AS 多出一个 Fe_3O_4 的峰,这说明制备出 Fe_3O_4-AS 和 CTAB/Fe_3O_4-AS 磁性复合吸附剂,该结果与吸附后的 CTAB/Fe_3O_4-AS 的 SEM 图和 Fe 2p XPS 谱图结果一致。如图 5-21(b)所示,4 种 AS 基吸附剂在吸附 Cr(Ⅵ)后,—OH 吸收峰峰面积较吸附前明显增强,这与吸附剂的 FT-IR 图结果一致,O—H 参与了吸附剂对 Cr(Ⅵ)的吸附过程。结合同步辐射分析结果,吸附后的 CTAB/Fe$_3$O$_4$ - AS 表面三配位的 Cr 与 O/N 结合形成 Cr—O/N,AS 中大量羟基可以与金属氧化物继续形成配位键。CTAB/Fe$_3$O$_4$ - AS 吸附Cr(Ⅵ)后,吸附剂表面 C=O 基团的峰面积减小,结合能增加了 0.04 eV ~ 0.09 eV,证明 C=O 上的电子云可能从 O 原子向 Cr(Ⅵ)迁移,从而为 Cr(Ⅵ)还原为 Cr(Ⅲ)提供电子。由此可知,铬氧化物可以通过配位键或分子间作用与吸附剂进行作用,同时,结合氨基和羧基的 XPS 分析结果,推测 Cr(Ⅵ)也可以通过配位键与吸附剂进行配位作用,使得电子转移至 Cr(Ⅵ)发生还原反应生成Cr(Ⅲ)。

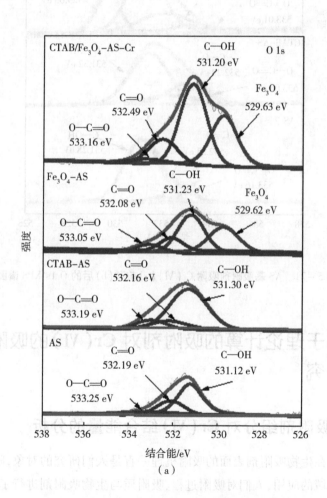

(a)

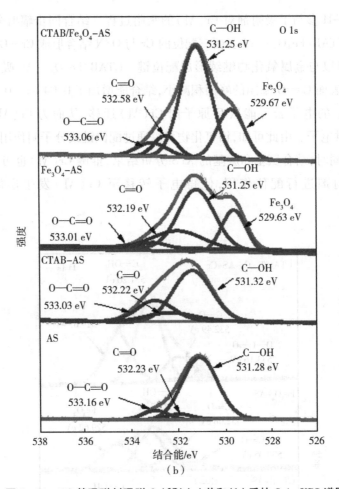

图 5-21 AS 基吸附剂吸附 Cr(Ⅵ)(a)前和(b)后的 O 1s XPS 谱图

5.5 基于理论计算的吸附剂对 Cr(Ⅵ)的吸附机制研究

5.5.1 吸附剂组分对 Cr(Ⅵ)结合能量的分析

重金属在生物吸附剂表面的吸附机理一直是人们研究的对象,随着计算机技术在该领域的应用,人们对吸附过程、吸附质与生物吸附剂进行了深入研究,阐明生物吸附剂机制中起到关键作用的活性组分。

AS 的主要组分是各种生物大分子物质,如蛋白质、多糖、核酸等。生物吸附剂不同成分、结构和性质决定其不同的功能和应用。因此,明确真菌孢子吸附剂的组成结构和理化性质是开展应用研究的基础。随着计算模拟软件的发展,为阐明 CTAB/Fe_3O_4 – AS 对 Cr(Ⅵ)的吸附作用机制,并为指导大规模实际应用提供科学的理论依据,笔者采用理论计算对吸附过程进行模拟计算,从微观尺度研究各种分子间的吸附作用,并用于有效提升吸附剂的吸附性能的研究中。

通过查阅文献并结合对孢子组分分析可知,真菌细胞壁是一种复杂的多糖结构,包裹着真菌细胞质,使其免受外界渗透压、酸碱度等理化因素的影响。基于前面对 AS 组分的分析结果可知,AS 的主要成分为糖类、蛋白质及水分等,因此 AS 属于多糖型吸附剂。对 AS 的单糖、氨基酸组分及比例鉴定可知,其所含 4 种单糖组分主要包括葡萄糖、盐酸氨基葡萄糖、半乳甘露聚糖和半乳聚糖,所含氨基酸组分共计 9 种,其中谷氨酸占 71.49%。根据 AS 的主要组分分析结果,最终选择多糖为葡聚糖和几丁质,单糖为半乳聚糖和半乳甘露聚糖,氨基酸为谷氨酸,通过计算分析上述 5 种组分与 Cr(Ⅵ)的相互作用,用以推测 AS 基吸附剂对 Cr(Ⅵ)的吸附作用。

为了进一步理解吸附剂还原吸附 $Cr_2O_7^{2-}$ 的过程,笔者采用 DFT(VASP)进行了模拟计算并计算结合能,根据结合能数值来判断化学键及分子间作用力在吸附过程中的作用。其中,化学键(离子键、共价键及金属键)的键能达到 10^2 kJ·mol^{-1} 甚至 10^3 kJ·mol^{-1},而分子间作用力的能量只达 $n\sim 10n$ kJ·mol^{-1},比化学键弱得多。分析黑曲霉组分,其主要由葡聚糖、几丁质、半乳甘露聚糖、半乳聚糖、谷氨酸等组成,以上组分和 CTAB 的几何模型如图 5 – 22 所示。

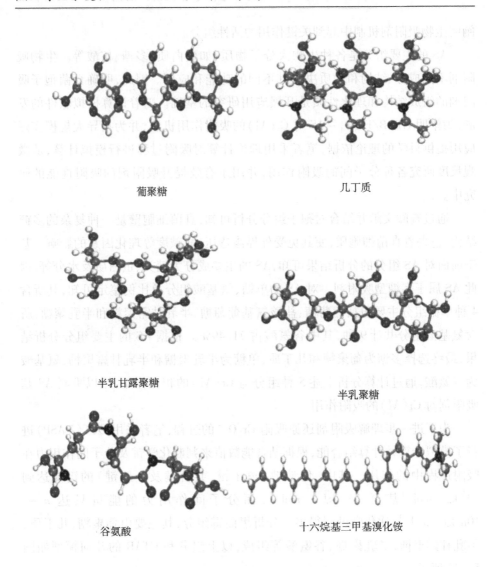

葡聚糖　　　　　　　　　　　几丁质

半乳甘露聚糖　　　　　　　　半乳聚糖

谷氨酸　　　　　　　　　十六烷基三甲基溴化铵

图 5-22　AS 的主要组分和 CTAB 的几何优化结构

采用 DFT 计算 AS 的 5 种主要组分(葡聚糖、几丁质、谷氨酸、半乳聚糖、半乳甘露聚糖)和 CTAB 与 Cr(Ⅵ)相互作用的中间过程。如公式(5-1)所示,在酸性条件下,还原 $Cr_2O_7^{2-}$ 反应需要消耗 14 个质子,但是只有 6 个质子是由于电子消耗产生的,因此,如公式(5-2)所示,反应后溶液的 pH 值会增加。计算出 $Cr_2O_7^{2-}$ 的吉布斯自由能变化,每一步转移的电子-质子对的能量与 H_2 和势能 U

有关。

$$Cr_2O_7^{2-} + 6e^- + 14H^+ \longrightarrow 2Cr^{3+} + 7H_2O \tag{5-1}$$

$$3H_2O + 6h^+ \longrightarrow 6H^+ + 3/2O_2 \tag{5-2}$$

$$M(H^+) + \mu(e) = 1/2\mu(H_2) - eU \tag{5-3}$$

5.5.1.1 配位作用对吸附过程的影响

AS 主要组分中的葡聚糖、几丁质、谷氨酸与 $Cr_2O_7^{2-}$ 不同中间体的吸附模型如图 5-23(a)~(c)所示。多糖与 $Cr_2O_7^{2-}$ 结构优化过程相似,因此以几丁质为例进行分析。第一步,酸性条件下,质子可以转移到 $Cr_2O_7^{2-}$ 里面的任何一个 O 上,发现 O3 是最适于质子进攻的活性位点,O2 是质子最不容易进攻的活性位点。第一个质子与 O3 结合并继续转移,发现 O3 仍然是最多的,这是第二个 H 的有利位置,这就形成了 H_2O。然后,$Cr_2O_6^{2-}$ 分解形成两个 CrO_3^-。这是一个热力学放热过程(0.92~1.2 eV),这个反应被极大地简化为 CrO_3^- 的加氢过程。每个 CrO_3^- 可以接受另外两个电子-质子对形成 Cr^{3+},类似于 $Cr_2O_7^{2-}$ 的氢化反应,质子可以转移到 CrO_3^- 中的任何 O 上。对于第一个质子,O1 是最稳定的位点,O7 是第二个结合质子位点,O6 是最后一个结合质子位点。在这一阶段,Cr(Ⅵ)还原为 Cr(Ⅲ)。在密度泛函理论中,很难确定质子的能量计算。因此,转移一个质子到 $CrH_2O_3^-$ 基团,是放热过程(0.2~0.3 eV);H_2O 分子转移一个质子反应能为 0 eV。因此,$Cr(OH)_3$ 的生成从能量上看是有利的。

AS 中几丁质、谷氨酸及葡聚糖吸附 $Cr_2O_7^{2-}$ 过程中间体的优化结构如图 5-23 所示。$Cr_2O_7^{2-}$ 进攻带有孤对电子的 N 原子,并与其成键,通过不断获得质子及电子转移,将 Cr(Ⅵ)还原为 Cr(Ⅲ)。最终铬氧化物通过与几丁质、谷氨酸及葡聚糖的 N 或 C 原子形成配位键吸附于吸附剂表面,结合能分别为 2.47 eV、2.01 eV 及 1.27 eV,成键的本质是共价键键型,配合物结构较稳定。存在两种情况,一种是与葡聚糖形成配位键,在吸附剂表面;一种是被还原为 Cr(Ⅲ)后,游离于溶液中。

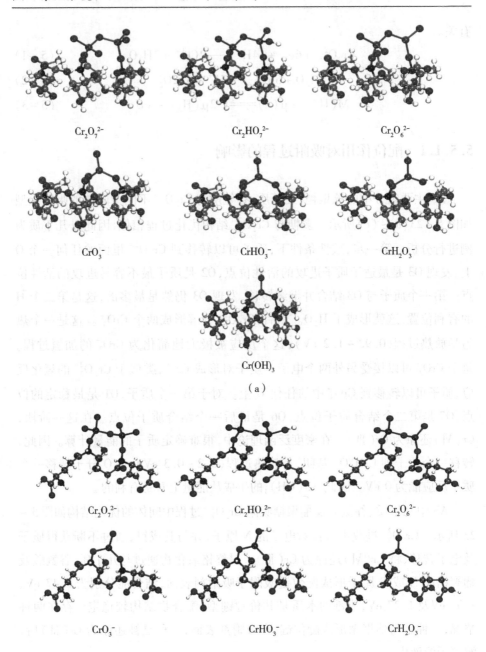

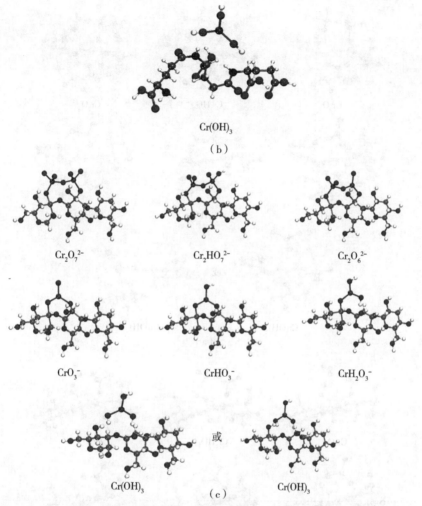

图5-23 (a)几丁质、(b)谷氨酸及(c)葡聚糖吸附 $Cr_2O_7^{2-}$ 过程中间体的优化结构

5.5.1.2 分子间作用对吸附过程的影响

半乳甘露聚糖及半乳聚糖对 Cr(Ⅵ) 的结构优化计算过程如图5-24所示。$Cr_2O_7^{2-}$ 与这两种多糖的羟基发生作用,结合能较弱分别为 0.89 eV 及 0.66 eV,为分子间作用力,结合力较弱。同样存在两种情况:一种是 Cr(Ⅲ) 通过分子间作用力吸附于表面,另一种是 Cr(Ⅲ) 游离于溶液中。

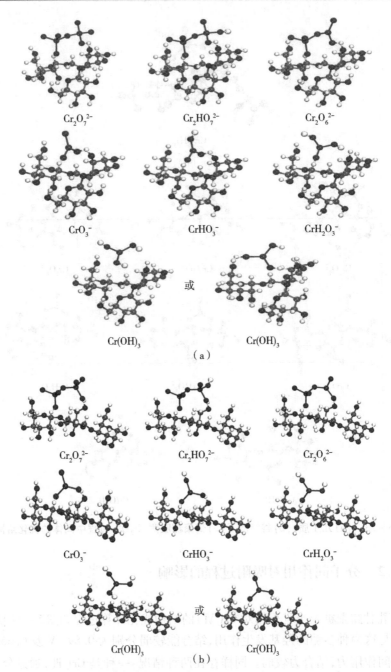

图5-24 (a)半乳甘露聚糖和(b)半乳聚糖吸附 $Cr_2O_7^{2-}$ 过程中间体的优化结构

5.5.1.3 静电作用对吸附容量的影响

CTAB 结构中长链烷烃与疏水性 AS 表面有较强的吸引作用,而 CTAB 的季铵盐端带正电荷同时具有良好的亲水性。在本书中,CTAB 在 AS 表面形成了疏水端在内与 AS 表面相结合亲水端朝外的胶束。

CTAB 对 Cr(Ⅵ)的结构优化过程如图 5-25 所示。CTAB 与 $Cr_2O_7^{2-}$ 的结构优化过程中并未成键,两者之间发生静电作用。由于 CTAB 的分子较大,季铵盐正电荷与铬酸根离子的负电荷分子相互靠拢,产生电性引力,即静电作用。

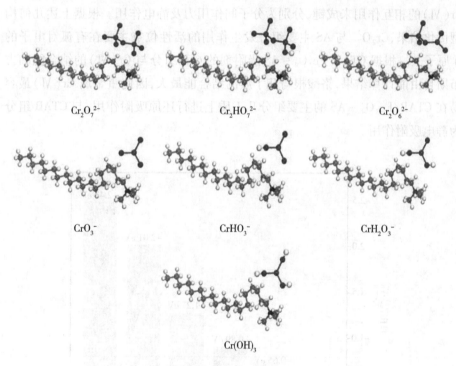

图 5-25　CTAB 吸附 $Cr_2O_7^{2-}$ 过程中间体的优化结构

5.5.1.4 结合能及吉布斯自由能

为了阐明 AS 的 5 种主要组分和 CTAB 对 Cr(Ⅵ)的吸附机制,笔者采用 Dmol 3 安装包进行了 DFT 计算。图 5-26 为六种几何优化模型结构与 Cr(Ⅵ) 的结合能(E_a)计算值,E_a 的绝对值越大,表示其与 Cr(Ⅵ)结合越稳定。E_a 绝对值如图所示,几丁质(2.47 eV) > 谷氨酸(2.01 eV) > 葡聚糖(1.27 eV) > 半乳甘露聚糖(0.89 eV) > 半乳聚糖(0.65 eV) > CTAB(0.21 eV),表明 Cr(Ⅵ) 在与 AS 的主要组分几丁质、谷氨酸和葡聚糖上结合相对更稳定。除了 CTAB 以外,其他 5 种组分与 Cr(Ⅵ)的 E_a 绝对值均大于 0.45 eV,这说明 CTAB 与 Cr(Ⅵ)的相互作用未成键,分别为分子间作用力及静电作用。根据上述几何构型优化结果,$Cr_2O_7^{2-}$ 与 AS 主要组分发生作用的活性位点主要在有孤对电子的 N 原子上。根据 $CTAB/Fe_3O_4$-AS 吸附剂的 6 种组分与 Cr(Ⅵ)的结合能和吉布斯自由能计算结果,铬酸根与几丁质的结合能最大,因此重金属 Cr(Ⅵ)最容易在 $CTAB/Fe_3O_4$-AS 的主要组分几丁质上进行还原吸附作用,与 CTAB 组分为静电吸附作用。

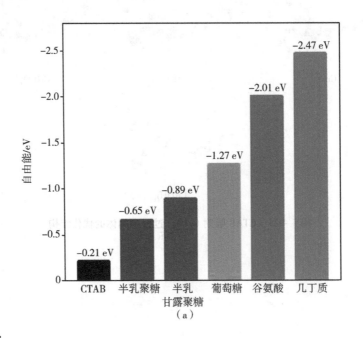

(a)

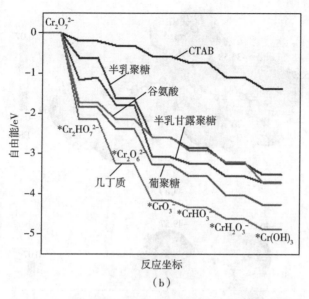

图 5-26　DFT 模拟计算的(a)结合能和(b)吉布斯自由能

5.5.2　吸附剂组分电荷数值分布

上述 6 种主要组分与 Cr(Ⅵ)的结合能计算结果明确了 AS 中的几丁质和谷氨酸组分主要参与了铬酸根的还原吸附过程,该过程实质上与电子的得失有关,而电子在分子表面以电子云的形式分布。

采用静电势分布理论计算考察分子中各原子的电荷值及电子云分布对物质本身反应特性的影响。本小节利用量子化学计算的手段得到 AS5 种主要组分和 CTAB 的静电势分布,如图 5-27 所示。其中,电子密度等值均为 0.001,就数值而言,由于几何结构中原子数较多,故只标注了 5 种组分和 CTAB 的 2 个极值点。

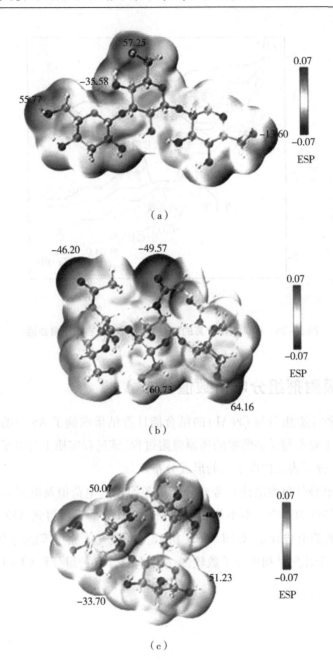

(a)

(b)

(c)

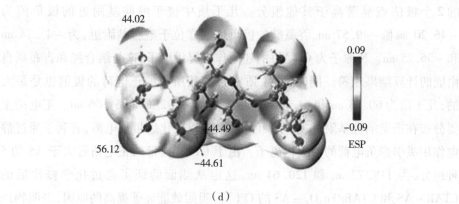

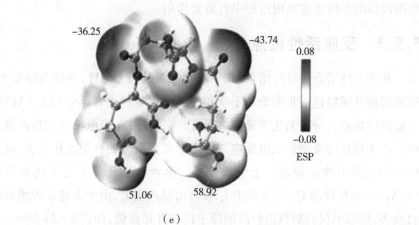

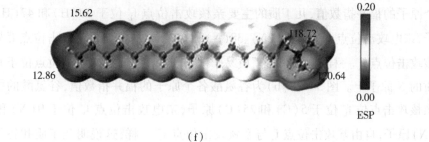

图 5-27 (a)葡聚糖、(b)几丁质、(c)半乳甘露聚糖、(d)半乳聚糖、
(e)谷氨酸和(f)CTAB 的静电势分布图

如图 5-27(b)和图 5-27(e)所示，AS 的 5 种组分中的几丁质和谷氨酸

的2个极值点显著高于其他组分。几丁质中位于酰胺基附近的极负值为 −46.20 au和−49.57 au,谷氨酸的极负值同样位于酰胺基附近,为 −43.74 au 和 −36.25 au。N原子为Cr(Ⅵ)的还原作用提供电子,这与结合能和吉布斯自由能的计算结果相符。同时,几丁质和谷氨酸所带的正电荷的极值也是最大的,几丁质为60.73 au和64.16 au,谷氨酸为58.92 au和51.06 au。正电荷主要分布在糖类的羟基附近,酸性条件下,羟基质子化后带正电荷,有利于通过静电作用吸引带负电荷的铬酸根离子。由于CTAB所带的正电荷远大于AS的5种组分,为118.72 au和120.64 au,这也从侧面验证了通过化学修饰后的 CTAB − AS 和 CTAB/Fe_3O_4 − AS 的 Cr(Ⅵ)吸附效能显著提高的原因,表明物理吸附即静电作用也在吸附过程中有重要作用。

5.5.3 反应活性位点分析

基于上述结合能计算结果,几丁质和谷氨酸与Cr(Ⅵ)的结合能最大,本小节采用福井函数进一步明确几丁质和谷氨酸这2种主要组分与Cr(Ⅵ)作用的主要活性位点。分子的化学反应一般分为亲核反应、亲电反应和自由基攻击反应。由于目标污染物的亲电反应与吸附剂主要组分的种类密切相关,因此确定Cr(Ⅵ)的亲电攻击位点是十分重要的。笔者分别计算了几丁质和谷氨酸对Cr(Ⅵ)的亲核攻击f_k^+,亲电攻击f_k^-和自由基攻击f_k^0,由于上述2种组分原子数目众多,故本书仅针对数值较高的原子的福井指数值,如图5−28所示。

福井指数值大,表明该原子是主要的进攻位点。图5−28(a)为几丁质各个原子的福井指数值,几丁质的主要亲核攻击位点f_k^+位于20(H)和47(H)原子,亲电攻击位点f_k^-位于11(N)、38(N)和66(N)原子,自由基攻击位点f_k^0与亲核攻击位点f_k^+一样,这说明几丁质易于被铬酸根离子亲电攻击的位点位于几丁质的N原子上。图5−28(b)为谷氨酸各个原子的福井指数值,谷氨酸的主要亲核攻击点位f_k^+位于5(C)和25(C)原子,亲电攻击位点f_k^-位于9(N)和26(N)原子,自由基攻击位点f_k^0与亲核攻击位点f_k^+一样,这说明几丁质和谷氨酸易于被铬酸根离子亲电攻击的位点位于谷氨酸的N原子上。

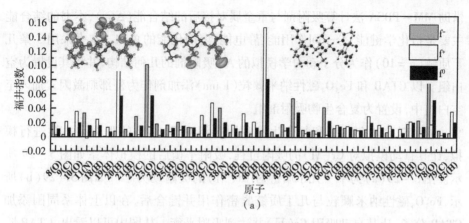

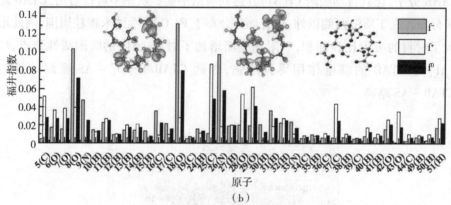

图5-28 福井指数分布
(a)几丁质;(b)谷氨酸

5.5.4 分子动力学模拟计算

随着生物吸附研究的尺度从宏观实验向微观机理逐渐深化,分子模拟技术日渐成为吸附过程研究的重要手段,有机大分子作为模拟过程的基础性条件,其构建过程至关重要,模型的真实性和完整性是采用模拟方法说明吸附过程的关键。本节基于 AS 组分分析及理论计算(结构优化、结合能、静电势分布、福井函数)结果可知,AS 基吸附剂中几丁质是与 Cr(Ⅵ)发生吸附作用的活性物质。

如图 5-29 所示,利用 Gromacs-4.6.7 软件对 AS 中几丁质和磁性复合几丁质分子分别与 Cr(Ⅵ)进行分子动力学模拟,并计算分子动力学过程中的自由结合能,通过结合能的大小来表征化学修饰前后 AS 对 Cr(Ⅵ)的吸附效能。

借助 MM-PBSA 法计算吸附剂与重金属对接后的结合能(ΔG_b),本书的结合能主要是指化学键能、分子间作用能、静电能、溶剂化能的总和。本书采用 3 条几丁质链($n=10$)作为分子动力学模拟的 AS 吸附剂的几何结构,并将其设置为空白组。以 CTAB 和 Fe_3O_4 磁性纳米颗粒(1 nm)添加剂作为外部刺激因素加入至空白组中,设置为复合生物吸附剂组。

通过对上述空白组和复合生物吸附剂组对 Cr(Ⅵ)的吸附动力学进行模拟,让其自动模拟对 Cr(Ⅵ)的吸附过程,吸附平衡后的模拟体系如图 5-29 所示。图 5-29(a)为单一几丁质链对 Cr(Ⅵ)的吸附动力学。如图 5-29(b)所示,Fe_3O_4 磁性纳米颗粒与几丁质链紧密作用并键合后,在以上体系周围添加 CTAB 分子,让其自动吸附 Cr(Ⅵ)并达到吸附平衡。从图中可以看出,CTAB 除了分布在几丁质链两侧以外,还有部分分布于 Fe_3O_4 磁性纳米颗粒周围,因此增大了材料的吸附比表面积,吸附剂表面增加了对 Cr(Ⅵ)的吸附活性位点,Cr(Ⅵ)与 CTAB 的静电作用得到增强,因此 $CTAB/Fe_3O_4$-AS 吸附效能较 CTAB-AS 略高。

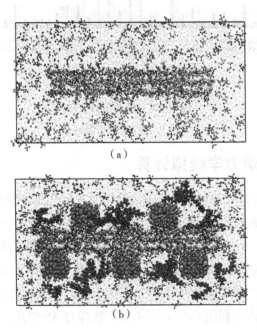

图 5-29 (a) CTAB-AS 和 (b) $CTAB/Fe_3O_4$-AS 的分子动力学模拟结果

本书采用几丁质聚合物($n=10$)及其添加组分(Fe_3O_4磁性纳米颗粒和CTAB分子),通过计算吸附剂与Cr(Ⅵ)的结合能,表征吸附剂的Cr(Ⅵ)吸附效能,ΔE值越小,表明其生物吸附效能越强。结合能ΔE是一个有价值的参数,通过它可以阐明CTAB修饰后吸附剂对Cr(Ⅵ)吸附效能的影响。MD模拟结束时对ΔE进行预测,如公式(5-4)所示。

$$\Delta E = E_{吸附质/吸附剂} - (E_{吸附质} + E_{吸附剂}) \qquad (5-4)$$

式中,$E_{吸附质/吸附剂}$——整个单元的势能;

$E_{吸附质}$——吸附质分离势能;

$E_{吸附剂}$——吸附剂表面势能。

从图5-30中可以看出,AS和CTAB/Fe_3O_4-AS与Cr(Ⅵ)的结合能均小于零,分别为$-130\ kJ \cdot mol^{-1}$和$-185\ kJ \cdot mol^{-1}$。该计算结果表明,AS基吸附对Cr(Ⅵ)具有吸附作用,这与实验结果相符合,并且CTAB/Fe_3O_4-AS较AS的结合能值下降42%,说明所构建的CTAB/Fe_3O_4-AS吸附剂具有较好的稳定性和Cr(Ⅵ)吸附效能。

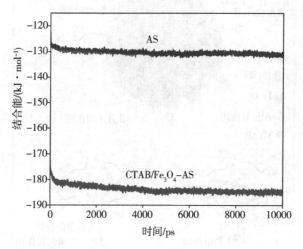

图5-30 AS和CTAB/Fe_3O_4-AS与Cr(Ⅵ)的结合能

5.6 CTAB/Fe$_3$O$_4$ – AS 去除 Cr(Ⅵ) 的吸附机制综合分析

CTAB/Fe$_3$O$_4$ – AS 吸附剂对 Cr(Ⅵ) 的吸附机制如图 5 – 31 所示,具体内容包括(1)静电作用:CTAB 对吸附剂进行表面化学修饰后,吸附剂表面带正电荷,一部分 Cr(Ⅵ) 在静电作用下被吸附到 CTAB/Fe$_3$O$_4$ – AS 表面。还原作用:AS 基吸附剂主要组分中几丁质的酰胺基团的电子转移至 Cr(Ⅵ),进一步促进了 Cr(Ⅵ) 的还原过程。(2)配位作用:重金属 Cr(Ⅵ) 被还原为 Cr(Ⅲ) 后,与吸附剂中的几丁质形成配合物。(3)分子间作用:结合 XPS 分析和理论计算结果可知,AS 基吸附剂含有丰富的羟基官能团,部分 Cr(Ⅵ) 被还原为 Cr(Ⅲ) 后通过分子间作用被吸附于吸附剂表面或游离于溶液中。

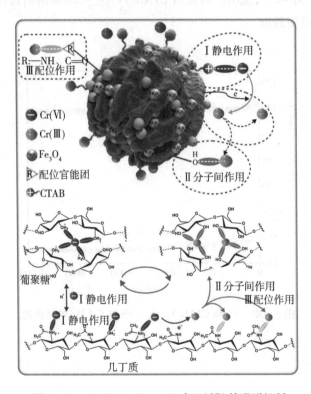

图 5 – 31　CTAB/Fe$_3$O$_4$ – AS 对 Cr(Ⅵ) 的吸附机制

综上所述，CTAB/Fe$_3$O$_4$-AS 吸附剂对重金属 Cr(Ⅵ)的还原吸附机制，一方面，通过多糖中丰富的羟基及胺基在酸性条件下发生质子化，以静电作用吸附带负电荷的铬酸根离子。另一方面，AS 基吸附剂的富电子官能团将 Cr(Ⅵ)还原为 Cr(Ⅲ)，还原后的 Cr(Ⅲ)与吸附剂发生配位作用生成配合物或通过分子间作用将 Cr(Ⅲ)固定于吸附剂表面，由于分子间作用力较小，部分未结合的 Cr(Ⅲ)游离于溶液中。同时，经 CTAB 表面化学修饰后的 AS 基吸附剂表面所吸附的 Cr(Ⅵ)比例明显提高，因此，CTAB/Fe$_3$O$_4$-AS 吸附效能显著提高，尤其是静电作用和富电子基团还原配位吸附的协同作用可以显著提高水中污染物的去除率。

5.7 本章小结

本章采用动力学模型、等温吸附模型和热力学模型，研究了 AS 基吸附剂对 Cr(Ⅵ)的吸附过程。对 CTAB/Fe$_3$O$_4$-AS 形貌及官能团结构进行表征，通过实验表征和理论计算揭示了化学表面改性对 AS 吸附 Cr(Ⅵ)的影响机制。主要结论如下：

(1)对 AS 基吸附剂进行评价，并处理实际电镀废水。基于响应面推测及实际处理可知，当吸附剂投加量为 1.5 g·L^{-1}，吸附时间为 150 min 时，去除率可达 98%。设计了生物吸附+磁性分离一体化处理工艺，为此类吸附剂的应用提供完整工艺方案。

(2)AS 基吸附剂的吸附过程均符合准二级动力学模型，表明吸附过程以化学作用为主，CTAB/Fe$_3$O$_4$-AS 吸附速率较 AS 显著提高。Freundlich 模型可以很好地描述吸附剂吸附 Cr(Ⅵ)的过程为多分子层吸附。热力学结果表明，AS 基吸附剂对 Cr(Ⅵ)的吸附是自发放热的过程。

(3)采用实验表征手段对吸附机制进行分析，SEM 结果显示 CTAB/Fe$_3$O$_4$-AS 吸附 Cr(Ⅵ)后，铬元素分布于吸附剂表面。FT-IR 结果显示吸附 Cr(Ⅵ)后羟基、酰胺基团波数变换较大，证明羟基及酰胺基团参与 Cr(Ⅵ)吸附反应。同步辐射结合 XPS 结果显示，Cr(Ⅵ)在 AS 基吸附剂表面以三配位的 Cr-O/N 化合物存在，且在 AS 表面主要以 Cr(Ⅲ)为主，占 93%。CTAB/Fe$_3$O$_4$-AS 表面 Cr(Ⅲ)占 59%，Cr(Ⅵ)占 41%，证明 AS 经 CTAB 修饰后所获得的 CTAB/Fe_3O_4 – AS 吸附剂通过静电作用将 Cr(Ⅵ)固定于吸附剂表面。

（4）根据结构优化分析，Cr(Ⅵ)与 AS 基吸附剂作用的活性位点主要位于羟基及酰胺基附近。通过比较结合能及吉布斯自由能结果可知，AS 中几丁质、谷氨酸及葡聚糖与 Cr(Ⅵ)的结合最稳定，并生成配合物。静电势结果显示几丁质具有极大值和极小值，既可以通过静电作用吸引带负电荷的铬酸根离子，同时也具有极小值可以为 Cr(Ⅵ)还原提供电子。福井函数分析结果显示，与 Cr(Ⅵ)作用的活性位点位于几丁质及谷氨酸的 N 原子上，与结构优化结果相符合。

（5）基于实验表征及理论计算推测，以几丁质链建立 AS 模型，并在此基础上构建复合材料 CTAB/Fe_3O_4 – AS 动力学模型。根据 Cr(Ⅵ)吸附结合能结果，结合能下降 42%，理论计算结果表明 CTAB/Fe_3O_4 – AS 吸附剂具有较好的稳定性并且对 Cr(Ⅵ)具有较高的吸附效能。

结　论

本书以 AS 为研究对象，分析其组成成分和理化性质，考察其对水中不同重金属离子的去除效能。为了提高 AS 的吸附效能并解决回收困难的问题，通过化学及磁性修饰制备了高效易分离的 $CTAB/Fe_3O_4-AS$ 吸附剂，并对 AS 基吸附剂的吸附特性进行研究。基于 AS 基吸附剂吸附特性设计了磁性生物吸附反应器，处理实际电镀废水取得了良好的结果。通过电磁铁对吸附重金属后的生物吸附剂进行分离，焚烧处理后实现了重金属污染物的固化。以宏观实验结合微观谱学等研究方法，明确生物吸附剂吸附活性位点及吸附后的重金属局部结构信息。最后通过理论计算，明确 AS 吸附剂活性吸附组分，并以该活性组分构建 $CTAB/Fe_3O_4-AS$ 吸附剂模型，以 AS 为参考组，研究其对 $Cr(VI)$ 结合能的变化，明确吸附剂对 $Cr(VI)$ 的吸附机制，对从分子层面为生物复合吸附剂吸附重金属提供理论支撑。

（1）AS 的主要成分是多糖、蛋白质、水及其他，属于多糖型吸附剂，通过对单糖定性、定量分析可知 AS 包括葡萄糖、盐酸氨基葡萄糖、半乳甘露聚糖和半乳聚糖 4 种单糖，含有丰富的羟基及酰胺基官能团。AS 中的蛋白质由以谷氨酸为主的 9 种氨基酸组成，这些组成特性有利于去除水中重金属离子。AS 对水中不同重金属离子吸附性能差异较大，单位吸附容量在 15.5~28.4 $mg \cdot g^{-1}$ 之间，吸附亲和顺序为 $Cr(VI) > Cu(II) > Ag(I) > Cd(II) > Zn(II) > Cr(III)$；因此，以重金属 $Cr(VI)$ 为目标污染物，在 -20 ℃ 冻融 AS，获得冻融吸附剂 FT-AS，吸附容量为 48.6 $mg \cdot g^{-1}$（AS 吸附容量为 43.6 $mg \cdot g^{-1}$）。采用 0.1% 的 CTAB 对 AS 进行化学修饰获得 CTAB-AS，吸附容量为 77.6 $mg \cdot g^{-1}$。

（2）将水基磁流体（Fe_3O_4 磁性纳米颗粒）与 AS 通过 Fe—O 和 —C=N 的相互作用结合形成 Fe_3O_4-AS，在此基础上采用 CTAB 进一步修饰获得 $CTAB/Fe_3O_4-AS$ 吸附剂，吸附效能高于 CTAB-AS。分析原因为 Fe_3O_4-AS 比表面积大于 AS,能够结合更多的 CTAB。考察 pH 值、吸附剂投加量、吸附时间、不同初始浓度等对 AS 基吸附剂(AS、CTAB - AS、Fe_3O_4 - AS 及 CTAB/Fe_3O_4 - AS)吸附效能的影响,通过响应面优化结果可知,对 Cr(Ⅵ)的去除率的影响顺序是:pH 值 > 吸附剂投加量 > 初始浓度 > 吸附时间。

(3)通过对 CTAB/Fe_3O_4 - AS 吸附剂评价发现,该吸附剂具有良好的抗干扰离子性能及良好的电磁分离能力,同时吸附后生物吸附剂可通过焚烧实现重金属的固定化,采用磁性复合生物吸附剂处理实际电镀废水。当吸附剂投加量为 1.5 g·L^{-1},吸附时间为 150 min 时,去除率达 98%,处理后废水满足排放水质要求。此外,还设计了生物吸附 + 磁性分离一体化处理工艺,为 AS 基吸附剂的应用发展拓宽思路。

(4)本书所制备的 AS 基吸附剂均符合准二级吸附动力学,且吸附过程以化学吸附为主,其中 CTAB/Fe_3O_4 - AS 的吸附速率较 AS 显著提高。AS 基吸附剂吸附 Cr(Ⅵ)的过程符合 Freundlich 模型,吸附过程以多分子层吸附为主;AS 基吸附剂对 Cr(Ⅵ)的吸附过程是自发吸附过程。

(5)采用微观谱图法对 Cr(Ⅵ)的吸附机制进行分析,FT - IR 结果显示 CTAB/Fe_3O_4 - AS 吸附重金属离子后,羟基及酰胺基团发生明显位移,该结果与 AS 吸附 Cr(Ⅵ)后 FT - IR 结果相符合。证明在吸附过程中羟基及酰胺基参与了 Cr(Ⅵ)的去除。XAFS 结合 XPS 的 Cr 2p 谱图结果显示,Cr(Ⅵ)在 CTAB/Fe_3O_4 - AS 及 AS 表面以三配位的铬氧化合物存在,且在 AS 表面主要以 Cr(Ⅲ)为主,占 93%。CTAB/Fe_3O_4 - AS 表面 Cr(Ⅲ)占 59%,Cr(Ⅵ)占 41%,证明 CTAB/Fe_3O_4 - AS 修饰后部分 Cr(Ⅵ)通过静电作用吸附于吸附剂表面;采用 XPS 对 4 种 AS 基吸附剂吸附 Cr(Ⅵ)前后 C 1s、N 1s 及 O 1s 谱图进行分析,碳谱无明显变化,氮谱中的—NH 基团及氧谱中的—OH、C=O 在吸附重金属后结合能向高场移动,表明 O、N 失去电子,—NH、—OH 及 C=O 为 Cr(Ⅵ)还原/配位提供电子。

(6)DFT 计算中结构优化过程显示 Cr(Ⅵ)主要进攻多糖中的羟基及含氮官能团,Cr(Ⅵ)与 AS 基吸附剂主要物质的结合能大小顺序为几丁质(2.47 eV) > 谷氨酸(2.01 eV) > 葡聚糖(1.27 eV) > 半乳甘露聚糖(0.89 eV) > 半乳聚糖(0.65 eV) > CTAB(0.21 eV)。基于结构优化过程及结合能可知,在 AS 基吸附剂吸附过程中存在三种结合方式:配位键(化学键)、分子间作用力及静电作用。静电势分布显示几丁质具有极大值和极小值,可将带有负电荷的铬酸根吸引并为其还原所需电荷。福井函数证明几丁质和谷氨酸的 N 原子是 Cr(Ⅵ)亲电攻击位点。综合研究结构优化、静电势、福井函数及组分含量等因素,采用几丁质链构建 AS 修饰前后吸附剂模型进行分子动力学模拟,并对 Cr(Ⅵ)吸附平衡后结合能进行计算,CTAB/Fe_3O_4 – AS 的结合能较 AS 下降 42%,结果表明 CTAB/Fe_3O_4 – AS 吸附剂具有较好的稳定性及良好的吸附效能。

参考文献

[1] RAJAPAKSHA A U, SELVASEMBIAN R, ASHIQ A, et al. A systematic review on adsorptive removal of hexavalent chromium from aqueous solutions: Recent advances[J]. Science of The Total Environment, 2022, 809:152055.

[2] XU H, GAO M X, HU X, et al. A novel preparation of S-nZVI and its high efficient removal of Cr(Ⅵ) in aqueous solution[J]. Journal of Hazardous Materials, 2021, 416:125924.1-12524.9.

[3] ISLAM M A, ANGOVE M J, MORTON D W, et al. Recent innovative research on chromium(Ⅵ) adsorption mechanism[J]. Environmental Nanotechnology, Monitoring and Management, 2019, 12:100267.

[4] 高鲁红. 区域土壤重金属污染监测方法研究[J]. 环境科学与管理, 2023, 48(5):125-130.

[5] BOUABIDI Z B, EL-NAAS M H, ZHANG Z E, et al. Immobilization of microbial cells for the biotreatment of wastewater: A review[J]. Environmental Chemistry Letters, 2019, 17(1):241-257.

[6] BENI A A, ESMAEILI A. Biosorption, an efficient method for removing heavy metals from industrial effluents: A Review[J]. Environmental Technology and Innovation, 2020, 17:100503.

[7] LI C, ZHOU J, DU G, et al. Developing Aspergillus niger as a cell factory for food enzyme production[J]. Biotechnology Advances, 2020, 44:107630.

[8] MISHRA S, DAS A P, SERAGADAM P. Microbial remediation of hexavalent chromium from chromite contaminated mines of Sukinda Valley, Orissa(India)[J]. Journal of Environmental Research and Development, 2009, 3(4):1122-1127.

[9] VAIOPOULOU E, GIKAS P. Regulations for chromium emissions to the aquatic environment in Europe and elsewhere[J]. Chemosphere, 2020, 254:126876.

[10] JIANG B, GONG Y F, GAO J N, et al. The reduction of Cr(VI) to Cr(III) mediated by environmentally relevant carboxylic acids: State-of-the-art and perspectives[J]. Journal of Hazardous Materials, 2019, 365:205-226.

[11] THACKER U, MADAMWAR D. Reduction of toxic chromium and partial localization of chromium reductase activity in bacterial isolate DM1[J]. World Journal of Microbiology and Biotechnology, 2005, 21(6):891-899.

[12] SZABÓ M, KALMÁR J, DITRÓI T, et al. Equilibria and kinetics of chromium (VI) speciation in aqueous solution - A comprehensive study from pH 2 to 11 [J]. Inorganica Chimica Acta, 2018, 472:295-301.

[13] KACHOOSANGI R T, COMPTON R G. Voltammetric determination of Chromium(VI) using a gold film modified carbon composite electrode[J]. Sensors and Actuators B:Chemical, 2013, 178:555-562.

[14] STERN C M, JEGEDE T O, HULSE V A, et al. Electrochemical reduction of Cr(VI) in water: Lessons learned from fundamental studies and applications [J]. Chemical Society Reviews, 2021, 50(3):1642-1667.

[15] ZHANG X M, ZHANG X, LI L F, et al. The toxicity of hexavalent chromium to soil microbial processes concerning soil properties and aging time[J]. Environmental Research, 2022, 204:111941.

[16] SHAHID M, SHAMSHAD S, RAFIQ M, et al. Chromium speciation, bioavailability, uptake, toxicity and detoxification in soil-plant system: A review [J]. Chemosphere, 2017, 178:513-533.

[17] COSTA M. Potential hazards of hexavalent chromate in our drinking water[J]. Toxicology and Applied Pharmacology, 2003, 188(1):1-5.

[18] MOHANTY K, JHA M, MEIKAP B C, et al. Removal of chromium(VI) from dilute aqueous solutions by activated carbon developed from Terminalia arjuna nuts activated with zinc chloride[J]. Chemical Engineering Science, 2005, 60 (11):3049-3059.

[19] KANOJIA R K, JUNAID M, MURTHY R C. Embryo and fetotoxicity of hexa-

valent chromium:A long – term study[J]. Toxicology Letters, 1998, 95(3): 165 – 172.

[20] GEIOUSHY R A, EL – SHEIKH S M, AZZAM A B, et al. One – pot fabrication of $BiPO_4/Bi_2S_3$ hybrid structures for visible – light driven reduction of hazardous Cr(Ⅵ)[J]. Journal of Hazardous Materials, 2020, 381:120955.

[21] BROWNING C L, WISE J P. Prolonged exposure to particulate chromate inhibits RAD51 nuclear import mediator proteins[J]. Toxicology and Applied Pharmacology, 2017, 331:101 – 107.

[22] YAN K, LIU Z, LI Z, et al. Selective separation of chromium from sulphuric acid leaching solutions of mixed electroplating sludge using phosphate precipitation[J]. Hydrometallurgy, 2019, 186:42 – 49.

[23] JASHNI E, HOSSEINI S M. Promoting the electrochemical and separation properties of heterogeneous cation exchange membrane by embedding 8 – hydroxyquinoline ligand:Chromium ions removal[J]. Separation and Purification Technology, 2020, 234:116118.

[24] XIAO K, XU F Y, JIANG L H, et al. Resin oxidization phenomenon and its influence factor during chromium(Ⅵ) removal from wastewater using gel – type anion exchangers[J]. Chemical Engineering Journal, 2016, 283:1349 – 1356.

[25] VERMA B, BALOMAJUMDER C. Hexavalent chromium reduction from real electroplating wastewater by chemical precipitation[J]. Bulletin of the Chemical Society of Ethiopia, 2020, 34(1):67 – 74.

[26] YANG X, LIU L H, ZHANG M Z, et al. Improved removal capacity of magnetite for Cr(Ⅵ) by electrochemical reduction[J]. Journal of Hazardous Materials, 2019, 374:26 – 34.

[27] POOJA G, KUMAR, P, PRASANNAMEDHA G, et al. Sustainable approach on removal of toxic metals from electroplating industrial wastewater using dissolved air flotation [J]. Journal of Environmental Management, 2021, 295:113147.

[28] REN Y F, HAN Y H, LEI X F, et al. A magnetic ion exchange resin with high efficiency of removing Cr(Ⅵ)[J]. Colloids and Surfaces A:Physico-

chemical and Engineering Aspects, 2020, 604:125279.

[29] XIE Y Q, LIN J, LIANG J. Hypercrosslinked mesoporous poly(ionic liquid)s with high density of ion pairs:Efficient adsorbents for Cr(Ⅵ) removal via ion-exchange[J]. Chemical Engineering Journal, 2019, 378(2):122107.2-122107.9.

[30] OKHOVAT A, MOUSAVI S M. Modeling of arsenic, chromium and cadmium removal by nanofiltration process using genetic program ming[J]. Applied Soft Computing, 2012, 12(2):793-799.

[31] OZAKI H, SHARMA K, SAKTAYWIN W. Performance of an ultra-low-pressure reverse osmosis membrane (UlPROM) for separating heavy metal: effects of interference parameters [J]. Desalination, 2002, 144(1-3):287-294.

[32] CHEN S H, YUE Q Y, GAO B Y, et al. Equilibrium and kinetic adsorption study of the adsorptive removal of Cr(Ⅵ) using modified wheat residue[J]. Journal of Colloid and Interface Science, 2010, 349(1):256-264.

[33] ABSHIRINI Y, FOROUTAN R, ESMAEILI H. Cr(Ⅵ) removal from aqueous solution using activated carbon prepared from Ziziphus spina-christi leaf[J]. Materials Research Express, 2019, 6(4):45607.

[34] DHAARINI S T, GOMATHI R, MANOJ KUMAAR C, et al. An innovative prototype furnace designed to produce activated carbon for removal of chromium from tannery waste[J]. Materials Today:Proceedings, 2021, 45:6016-6020.

[35] TU B Y, WEN R T, WANG K Q, et al. Efficient removal of aqueous hexavalent chromium by activated carbon derived from Bermuda grass[J]. Journal of Colloid and Interface Science, 2020, 560:649-658.

[36] ZHAO J M, YU L H, MA H X, et al. Corn stalk-based activated carbon synthesized by a novel activation method for high-performance adsorption of hexavalent chromium in aqueous solutions[J]. Journal of Colloid and Interface Science, 2020, 578:650-659.

[37] OWLAD M, AROUA M K, DAUD W. Hexavalent chromium adsorption on impregnated palm shell activated carbon with polyethyleneimine[J]. Bioresource

Technology, 2010, 101(14):5098-5103.

[38] XIA S P, SONG Z L, JEYAKUMAR P, et al. Characteristics and applications of biochar for remediating Cr(Ⅵ) - contaminated soils and wastewater[J]. Environmental Geochemistry and Health, 2020, 42:1543-1567.

[39] RAJAPAKSHA A U, CHEN S S, TSANG D C W, et al. Engineered/designer biochar for contaminant removal/immobilization from soil and water: Potential and implication of biochar modification [J]. Chemosphere, 2016, 148: 276-291.

[40] SHI Y Y, SHAN R, LU L L, et al. High - efficiency removal of Cr(Ⅵ) by modified biochar derived from glue residue[J]. Journal of Cleaner Production, 2020, 254:119935.1-119935.12.

[41] ZHENG C J, YANG Z H, SI M Y, et al. Application of biochars in the remediation of chromium contamination: Fabrication, mechanisms, and interfering species[J]. Journal of Hazardous Materials, 2021, 407:124376.

[42] HUANG X X, LIU Y G, LIU S B, et al. Effective removal of Cr(Ⅵ) using β - cyclodextrin - chitosan modified biochars with adsorption/reduction bifuctional roles[J]. RSC Advances, 2016, 6(1):94-104.

[43] CAI W Q, WEI J H, LI Z L, et al. Preparation of a mino - functionalized magnetic biochar with excellent adsorption performance for Cr(Ⅵ) by a mild one - step hydrothermal method from peanut hull[J]. Colloids and Surfaces A: Physicochemical and Engineering Aspects, 2019, 563:102-111.

[44] LEYVA - RAMOS R, JACOBO - AZUARA A, DIAZ - FLORES R E, et al. Adsorption of chromium(Ⅵ) from an aqueous solution on a surfactant - modified zeolite[J]. Colloids and Surfaces A:Physicochemical and Engineering Aspects, 2008, 330(1):35-41.

[45] CAMPOS V, MORAIS L C, BUCHLER P M. Removal of chromate from aqueous solution using treated natural zeolite[J]. Environmental Geology, 2007, 52:1521-1525.

[46] HAGGERTY G M, BOWMAN R S. Sorption of chromate and other inorganic anions by organo - zeolite[J]. Environmental Science and Technology, 1994,

28(3):452-458.

[47] JAIN M, YADAV M, KOHOUT T, et al. Development of iron oxide/activated carbon nanoparticle composite for the removal of Cr(Ⅵ), Cu(Ⅱ) and Cd(Ⅱ) ions from aqueous solution[J]. Water Resources and Industry, 2018, 20:54-74.

[48] ZHANG S H, WU M F, TANG T T, et al. Mechanism investigation of anoxic Cr(Ⅵ) removal by nano zero-valent iron based on XPS analysis in time scale [J]. Chemical Engineering Journal, 2018, 335:945-953.

[49] WANG J, LIANG Y, JIN Q Q, et al. Simultaneous removal of graphene oxide and chromium(Ⅵ) on the rare earth doped titanium dioxide coated carbon sphere composites[J]. ACS Sustainable Chemistry and Engineering, 2017, 5(6):5550-5561.

[50] SAMUEL M S, SUBRAMANIYAN V, BHATTACHARYA J, et al. A GO-CS@MOF [Zn(BDC)(DMF)] material for the adsorption of chromium(Ⅵ) ions from aqueous solution[J]. Composites Part B:Engineering, 2018, 152:116-125.

[51] GU H B, RAPOLE S B, SHARMA J, et al. Magnetic polyaniline nanocomposites toward toxic hexavalent chromium removal[J]. RSC Advances, 2012, 2(29):11007-11018.

[52] WANG T, ZHANG L Y, LI C F, et al. Synthesis of core-shell magnetic Fe_3O_4@poly(m-phenylenedia mine) particles for chromium reduction and adsorption[J]. Environmental Science and Technology, 2015, 49(9):5654-5662.

[53] BADAR U, AHMED N, BESWICK A J, et al. Reduction of chromate by microorganisms isolated from metal contaminated sites of Karachi, Pakistan[J]. Biotechnology Letters, 2000, 22:829-836.

[54] FERNÁNDEZ P M, VIÑARTA S C, BERNAL A R, et al. Bioremediation strategies for chromium removal:Current research, scale-up approach and future perspectives[J]. Chemosphere, 2018, 208:139-148.

[55] JOBBY R, JHA P, YADAV A K, et al. Biosorption and biotransformation of

hexavalent chromium [Cr(Ⅵ)]: A comprehensive review[J]. Chemosphere, 2018, 207:255-266.

[56] ZENG Q, HU Y T, YANG Y R, et al. Cell envelop is the key site for Cr(Ⅵ) reduction by Oceanobacillus oncorhynchi W_4, a newly isolated Cr(Ⅵ) reducing bacterium[J]. Journal of Hazardous Materials, 2019, 368:149-155.

[57] KARTHIK C, BARATHI S, PUGAZHENDHI A, et al. Evaluation of Cr(Ⅵ) reduction mechanism and removal by cellulosimicrobium funkei strain AR8, a novel haloalkaliphilic bacterium[J]. Journal of Hazardous Materials, 2017, 333:42-53.

[58] ASATIANI N V, ABULADZE M K, KARTVELISHVILI T M, et al. Effect of chromium(Ⅵ) action on arthrobacter oxydans[J]. Current Microbiology, 2004, 49:321-326.

[59] KAPOOR A, VIRARAGHAVAN T, CULLIMORE D R. Removal of heavy metals using the fungus Aspergillus niger[J]. Bioresource technology, 1999, 70(1):95-104.

[60] RAMLI N N, OTHMAN A R, KURNIAWAN S B, et al. Metabolic pathway of Cr(Ⅵ) reduction by bacteria: A review[J]. Microbiological Research, 2023, 268:127288.

[61] RANGABHASHIYAM S, SUGANYA E, SELVARAJU N, et al. Significance of exploiting non-living biomaterials for the biosorption of wastewater pollutants[J]. World Journal of Microbiology and Biotechnology, 2014, 30:1669-1689.

[62] GARCÍA-HERNÁNDEZ M A, VILLARREAL-CHIU J F, GARZA-GONZÁLEZ M T. Metallophilic fungi research: An alternative for its use in the bioremediation of hexavalent chromium[J]. International Journal of Environmental Science and Technology, 2017, 14:2023-2038.

[63] HANSDA A, KUMAR V, ANSHUMALI. A comparative review towards potential of microbial cells for heavy metal removal with emphasis on biosorption and bioaccumulation[J]. World Journal of Microbiology and Biotechnology, 2016, 32:170.

[64] SRIVASTAVA S, THAKUR I S. Biosorption Potency of Aspergillus niger for removal of chromium(Ⅵ)[J]. Current Microbiology, 2006, 53:232-237.

[65] KHAMBHATY Y, MODY K, BASHA S, et al. Kinetics, equilibrium and thermodynamic studies on biosorption of hexavalent chromium by dead fungal biomass of marine Aspergillus niger[J]. Chemical Engineering Journal, 2009, 145(3):489-495.

[66] KUMAR R, BISHNOI N R, GARIMA, et al. Biosorption of chromium(Ⅵ) from aqueous solution and electroplating wastewater using fungal biomass[J]. Chemical Engineering Journal, 2008, 135(3):202-208.

[67] CHHIKARA S, HOODA A, RANAL. Chromium(Ⅵ) biosorption by immobilized Aspergillus niger in continuous flow system with special reference to FTIR analysis[J]. Journal of Environmental Biology, 2010, 31(5):561-566.

[68] NARVEKAR S, VAIDYA V K. Removal of chromium(Ⅵ) from aqueous solution by chemically modified biomass of Aspergillus niger[J]. Journal of Industrial Pollution Control, 2008, 24(2):153-159.

[69] PARK D H, YUN Y S, HYE JO J, et al. Mechanism of hexavalent chromium removal by dead fungal biomass of Aspergillus niger[J]. Water Research, 2005, 39(4):533-540.

[70] NOOTHALAPATI H, SASAKI T, KAINO T, et al. Label-free chemical imaging of fungal spore walls by Raman microscopy and multivariate curve resolution analysis[J]. Scientific Reports, 2016, 6(1):27789.

[71] WU S L, ZHANG X, SUN Y Q, et al. Transformation and immobilization of chromium by arbuscular mycorrhizal Fungi as revealed by SEM-EDS, TEM-EDS, and XAFS[J]. Environmental Science and Technology, 2015, 49(24):14036-14047.

[72] 王婧瑶. 黑曲霉—稻草秸秆复合吸附剂吸附重金属离子特征及机制研究[D]. 哈尔滨:哈尔滨工业大学, 2017.

[73] DENG L P, ZHANG Y, QIN J, et al. Biosorption of Cr(Ⅵ) from aqueous solutions by nonliving green algae Cladophora albida[J]. Minerals Engineering, 2009, 22(4):372-377.

[74] REZAEI H. Biosorption of chromium by using Spirulina sp. [J]. Arabian Journal of Chemistry, 2016, 9(6):846-853.

[75] MOKKAPATI R P, RATNAKARAM V N, MOKKAPATI J S. Utilization of agro-waste for removal of toxic hexavalent chromium: Surface interaction and mass transfer studies[J]. International Journal of Environmental Science and Technology, 2018, 15:875-886.

[76] HUANG K, XIU Y, ZHU H. Removal of hexavalent chromium from aqueous solution by crosslinked mangosteen peel biosorbent[J]. International Journal of Environmental Science and Technology, 2015, 12:2485-2492.

[77] VENDRUSCOLO F, DA ROCHA FERREIRA G L, ANTONIOSI FILHO N R. Biosorption of hexavalent chromium by microorganisms[J]. International Biodeterioration and Biodegradation, 2017, 119:87-95.

[78] MOHAN D, PITTMAN C U. Activated carbons and low cost adsorbents for remediation of tri- and hexavalent chromium from water[J]. Journal of Hazardous Materials, 2006, 137(2):762-811.

[79] MURUGAVELH S, MOHANTY K. Bioreduction of hexavalent chromium by free cells and cell free extracts of Halomonas sp. [J]. Chemical Engineering Journal, 2012, 203:415-422.

[80] KHATTAR J I S, PARVEEN S, SINGH Y, et al. Intracellular uptake and reduction of hexavalent chromium by the cyanobacterium Synechocystis sp. PUPCCC 62[J]. Journal of Applied Phycology, 2015, 27:827-837.

[81] DURÁN U, CORONADO-APODACA K G, MEZA-ESCALANTE E R, et al. Two combined mechanisms responsible to hexavalent chromium removal on active anaerobic granular consortium [J]. Chemosphere, 2018, 198:191-197.

[82] IBE C, OLADELE R O, ALAMIR O. Our pursuit for effective antifungal agents targeting fungal cell wall components: Where are we? [J]. International Journal of Antimicrobial Agents, 2022, 59(1):106477.

[83] GOW N A R, LATGE J P, MUNRO C A. The fungal cell wall: Structure, biosynthesis, and function[J]. Microbiology spectrum, 2017, 5(3):10.

[84] NOWAK K, WIATER A, CHOMA A, et al. Fungal(1→3) - α - d - glucans as a new kind of biosorbent for heavy metals[J]. International Journal of Biological Macromolecules, 2019, 137:960 - 965.

[85] OH J J, KIM J Y, KIM Y J, et al. Utilization of extracellular fungal melanin as an eco - friendly biosorbent for treatment of metal - contaminated effluents [J]. Chemosphere, 2021, 272:129884.1 - 129884.9.

[86] LIU S, GAO J, ZHANG L, et al. Diethylenetriaminepentaacetic acid - thiourea - modified magnetic chitosan for adsorption of hexavalent chromium from aqueous solutions[J]. Carbohydrate Polymers, 2021, 274:118555.

[87] DHAL B, PANDEY B D. Mechanism elucidation and adsorbent characterization for removal of Cr(Ⅵ) by native fungal adsorbent[J]. Sustainable Environment Research, 2018, 28(6):289 - 297.

[88] LIN Y C, WANG S L. Chromium(Ⅵ) reactions of polysaccharide biopolymers [J]. Chemical Engineering Journal, 2012, 181 - 182:479 - 485.

[89] WANG B, BAI Z, JIANG H, et al. Selective heavy metal removal and water purification by microfluidically - generated chitosan microspheres: Characteristics, modeling and application[J]. Journal of Hazardous Materials, 2019, 364:192 - 205.

[90] CHAFI M, BYADI S, BARHOUMI A, et al. Study of copper removal by modified biomaterials using the response surface methodology, DFT Calculation, and molecular dynamic simulation[J]. Journal of Molecular Liquids, 2022, 363:119799.

[91] CHU Y H, ZHANG C F, WANG R P, et al. Biotransformation of sulfamethoxazole by microalgae:Removal efficiency, pathways, and mechanisms[J]. Water Research, 2022, 221:118834.

[92] HOSSEINI H, MOUSAVI S M. Density functional theory simulation for Cr (Ⅵ) removal from wastewater using bacterial cellulose/polyaniline[J]. International Journal of Biological Macromolecules, 2020, 165:883 - 901.

[93] WANG J L, CHEN C. Biosorbents for heavy metals removal and their future [J]. Biotechnology Advances, 2009, 27(2):195 - 226.

[94] YANG T, CHEN M L, WANG J H. Genetic and chemical modification of cells for selective separation and analysis of heavy metals of biological or environmental significance[J]. Trends in Analytical Chemistry, 2015, 66:90-102.

[95] PANG C, LIU Y H, CAO X H, et al. Biosorption of uranium(Ⅵ) from aqueous solution by dead fungal biomass of Penicillium citrinum[J]. Chemical Engineering Journal, 2011, 170(1):1-6.

[96] VELKOVA Z, KIROVA G, STOYTCHEVA M, et al. Immobilized microbial biosorbents for heavy metals remova[J]. Engineering in Life Sciences, 2018, 18(12):871-881.

[97] SHENG P X, WEE K H, TING Y P, et al. Biosorption of copper by immobilized marine algal biomass[J]. Chemical Engineering Journal, 2008, 136(2-3):156-163.

[98] DAS N, CHARUMATHI D, VIMALA R. Effect of pretreatment on Cd^{2+} biosorption by mycelial biomass of Pleurotus florida[J]. African journal of biotechnology, 2007, 22(6):2555-2558.

[99] QIN H, HU T, ZHAI Y, et al. The improved methods of heavy metals removal by biosorbents:A review[J]. Environmental Pollution, 2020, 258:113777.

[100] PARK D H, LIM S R, YUN Y S, et al. Reliable evidences that the removal mechanism of hexavalent chromium by natural biomaterials is adsorption-coupled reduction[J]. Chemosphere, 2007, 70(2):298-305.

[101] NAGASE H, INTHORN D, ODA A, et al. Improvement of selective removal of heavy metals in cyanobacteria by NaOH treatment[J]. Journal of Bioscience and Bioengineering, 2005, 99(4):372-377.

[102] GUPTA V K, RASTOGI A. Biosorption of hexavalent chromium by raw and acid-treated green alga Oedogonium hatei from aqueous solutions[J]. Journal of Hazardous Materials, 2009, 163(1):396-402.

[103] BARQUILHA C E R, COSSICH E S, TAVARES C R G, et al. Biosorption of nickel(Ⅱ) and copper(Ⅱ) ions by Sargassum sp. in nature and alginate extraction products[J]. Bioresource Technology Reports, 2019, 5:43-50.

[104] PRADHAN D, SUKLA L B, MISHRA B B, et al. Biosorption for removal of

hexavalent chromium using microalgae Scenedesmus sp. [J]. Journal of Cleaner Production, 2019, 209:617-629.

[105] CARRO L, BARRIADA J L, HERRERO R, et al. Surface modifications of Sargassum muticum algal biomass for mercury removal: A physicochemical study in batch and continuous flow conditions [J]. Chemical Engineering Journal, 2013, 229:378-387.

[106] LIU M X, DONG F Q, ZHANG W, et al. Contribution of surface functional groups and interface interaction to biosorption of strontium ions by Saccharomyces cerevisiae under culture conditions [J]. RSC Advances, 2017, 7(80):50880-50888.

[107] DENG S B, TING Y P. Characterization of PEI-modified biomass and biosorption of Cu(II), Pb(II) and Ni(II) [J]. Water Research, 2005, 39(10):2167-2177.

[108] ZHOU Y, ZHU N, KANG N, et al. Layer-by-layer assembly surface modified microbial biomass for enhancing biorecovery of secondary gold [J]. Waste Management, 2016, 60:552-560.

[109] LUO F, LIU Y H, LI X M, et al. Biosorption of lead ion by chemically-modified biomass of marine brown algae Laminaria japonica [J]. Chemosphere, 2006, 64(7):1122-1127.

[110] MAZZULLO M, COLACCI A, GRILLI S, et al. In vivo and in vitro binding of epichlorohydrin to nucleic acids [J]. Cancer Letters, 1984, 23(1):81-90.

[111] BAYRAMOGLU G, AKBULUT A, ARICA M Y. A minopyridine modified Spirulina platensis biomass for chromium(VI) adsorption in aqueous solution [J]. Water Science and Technology, 2016, 74(4):914-926.

[112] MUNGASAVALLI D P, VIRARAGHAVAN T, JIN Y C. Biosorption of chromium from aqueous solutions by pretreated Aspergillus niger: Batch and column studies [J]. Colloids and Surfaces A: Physicochemical and Engineering Aspects, 2007, 301(1-3):214-223.

[113] BINGOL A, UCUN H, BAYHAN Y K, et al. Removal of chromate anions

from aqueous stream by a cationic surfactant – modified yeast[J]. Bioresource Technology, 2004, 94(3):245 – 249.

[114] SAFARIK I, BALDIKOVA E, PROCHAZKOVA J. Magnetically modified agricultural and food waste:Preparation and application[J]. Journal of Agricultural and Food Chemistry, 2018, 66(11):2538 – 2552.

[115] GUSAIN R, GUPTA K, JOSHI P, et al. Adsorptive removal and photocatalytic degradation of organic pollutants using metal oxides and their composites: A comprehensive review[J]. Advances in Colloid and Interface Science, 2019, 272:102009.

[116] LAURENT S, FORGE D, PORT M, et al. Magnetic iron oxide nanoparticles: Synthesis, stabilization, vectorization, physicochemical characterizations, and biological applications[J]. Chemical Reviews, 2008, 108(6): 2064 – 2110.

[117] WEI X R, ZHU N W, HUANG J L, et al. Rapid and efficient reduction of chromate by novel Pd/Fe@ biomass derived from Enterococcus faecalis[J]. Environmental Research, 2022, 204:112005.

[118] SARAVANAN A, KUMAR P S, GOVARTHANAN M, et al. Adsorption characteristics of magnetic nanoparticles coated mixed fungal biomass for toxic Cr(Ⅵ) ions in aquatic environment[J]. Chemosphere, 2021, 267:129226.1 – 129226.12.

[119] 魏薇. 蛋白型微生物絮凝剂去除水中重金属离子的效能与机制[D]. 哈尔滨:哈尔滨工业大学, 2018.

[120] WARGENAU A, FLEISSNER A, BOLTEN C J, et al. On the origin of the electrostatic surface potential of Aspergillus niger spores in acidic environments [J]. Research in Microbiology, 2011, 162(10):1011 – 1017.

[121] LIN K Y A, YANG H T, LEE W D, et al. A magnetic fluid based on covalent – bonded nanoparticle organic hybrid materials(NOHMs) and its decolorization application in water[J]. Journal of Molecular Liquids, 2015, 204: 50 – 59.

[122] DANESHVAR E, VAZIRZADEH A, NIAZI A, et al. A comparative study of

methylene blue biosorption using different modified brown, red and green macroalgae – Effect of pretreatment[J]. Chemical Engineering Journal, 2017, 307:435 – 446.

[123] FERNÁNDEZ L, REVIGLIO A L, HEREDIA D A, et al. Langmuir – Blodgett monolayers holding a wound healing active compound and its effect in cell culture. A model for the study of surface mediated drug delivery systems [J]. Heliyon, 2021, 7(3):e6436.

[124] TOUNSADI H, KHALIDI A, ABDENNOURI M, et al. Biosorption potential of Diplotaxis harra and Glebionis coronaria L. biomasses for the removal of Cd (Ⅱ) and Co(Ⅱ) from aqueous solutions[J]. Journal of Environmental Chemical Engineering, 2015, 3(2):822 – 830.

[125] MARTÍN – LARA M A, BLÁZQUEZ G, CALERO M, et al. Binary biosorption of copper and lead onto pine cone shell in batch reactors and in fixed bed columns[J]. International Journal of mineral Processing, 2016, 148: 72 – 82.

[126] 任新. 净水厂工艺废水中污泥制备吸附剂及对水中 Cr^{6+} 的吸附特性[D]. 哈尔滨:哈尔滨工业大学, 2014.

[127] 曹婷婷. Co(Ⅱ) – BiOCl@生物炭光催化降解酚类污染物的效能及机制[D]. 哈尔滨:哈尔滨工业大学, 2021.

[128] FANG T H, KANG S H, HONG Z H, et al. Elasticity and nanomechanical response of Aspergillus niger spores using atomic force microscopy[J]. Micron, 2012, 43(2 – 3):407 – 411.

[129] ZHU H, HU W, LI Y, et al. Drought shortens cotton fiber length by inhibiting biosynthesis, remodeling and loosening of the primary cell wall[J]. Industrial Crops and Products, 2023, 200:116827.

[130] RAMRAKHIANI L, MAJUMDER R, KHOWALA S. Removal of hexavalent chromium by heat inactivated fungal biomass of Termitomyces clypeatus: Surface characterization and mechanism of biosorption[J]. Chemical Engineering Journal, 2011, 171(3):1060 – 1068.

[131] LU N Q, HU T J, ZHAI Y B, et al. Fungal cell with artificial metal contain-

er for heavy metals biosorption: Equilibrium, kinetics study and mechanisms analysis[J]. Environmental Research, 2020, 182:109061.

[132] LUO X, ZHOU X, PENG C, et al. Bioreduction performance of Cr(VI) by microbial Extracellular Polymeric Substances(EPS) and the overlooked role of tryptophan[J]. Journal of Hazardous Materials, 2022, 433:128822.

[133] ESPINOZA-SÁNCHEZ M A, ARÉVALO-NIÑO K, QUINTERO-ZAPATA I, et al. Cr(VI) adsorption from aqueous solution by fungal bioremediation based using Rhizopus sp. [J]. Journal of Environmental Management, 2019, 251:109595.

[134] YANG J, WANG Q H, LUO Q S, et al. Biosorption behavior of heavy metals in bioleaching process of MSWI fly ash by Aspergillus niger[J]. Biochemical Engineering Journal, 2009, 46(3):294-299.

[135] EL-MAHDY O M, MOHAMED H I, MOGAZY A M. Biosorption effect of Aspergillus niger and Penicillium chrysosporium for Cd- and Pb- contaminated soil and their physiological effects on Vicia faba L[J]. Environmental Science and Pollution Research, 2021, 28(47):67608-67631.

[136] ANUSHA P, NARAYANAN M, NATARAJAN D, et al. Assessment of hexavalent chromium(VI) biosorption competence of indigenous Aspergillus tubingensis AF3 isolated from bauxite mine tailing[J]. Chemosphere, 2021, 282:131055.

[137] 赵玉红, 党媛, 王振宇. 提取方法对黑木耳多糖提取效果的影响[J]. 安徽农业科学, 2014, 42(30):10664-10668.

[138] HU X Y, YAN L L, WANG Y M, et al. Freeze-thaw as a route to build manageable polysaccharide cryogel for deep cleaning of crystal violet[J]. Chemical Engineering Journal, 2020, 396:125354.

[139] YANG D, YUAN P, ZHU J, et al. Synthesis and characterization of antibacterial compounds using montmorillonite and chlorhexidine acetate[J]. Journal of Thermal Analysis and Calorimetry, 2007, 89(3):847-852.

[140] FEOFILOVA E P. The fungal cell wall: Modern concepts of its composition and biological function[J]. Microbiology, 2010, 79(6):711-720.

[141] DENIZ F, KEPEKCI R A. Bioremoval of Malachite green from water sample by forestry waste mixture as potential biosorbent[J]. Microchemical Journal, 2017, 132:172-178.

[142] BEKHIT F, FARAG S, ATTIA A M. Characterization of immobilized magnetic Fe_3O_4 nanoparticles on raoultella ornithinolytica sp. and its application for azo dye removal[J]. Applied Biochemistry and Biotechnology, 2022, 194(12):6068-6090.

[143] BISWAS A, CHHANGTE V, LALFAKZUALA R, et al. Mikania mikrantha leaf extract mediated biogenic synthesis of magnetic iron oxide nanoparticles: Characterization and its antimicrobial activity study[J]. Materials Today: Proceedings, 2021, 42:1366-1373.

[144] KHAN I, MORISHITA S, HIGASHINAKA R, et al. Synthesis, characterization and magnetic properties of $\varepsilon-Fe_2O_3$ nanoparticles prepared by sol-gel method[J]. Journal of Magnetism and Magnetic Materials, 2021, 538:168264.

[145] RAHMAWATI R, PERMANA M G, HARISON B, et al. Optimization of frequency and stirring rate for synthesis of magnetite(Fe_3O_4) nanoparticles by using coprecipitation-ultrasonic irradiation methods[J]. Procedia Engineering, 2017, 170:55-59.

[146] ARYEE A A, DOVI E, LI Q Y, et al. Magnetic biocomposite based on peanut husk for adsorption of hexavalent chromium, Congo red and phosphate from solution: Characterization, kinetics, equilibrium, mechanism and antibacterial studies[J]. Chemosphere, 2022, 287:132030.

[147] ZHU L, KONG X Q, YANG C W, et al. Fabrication and characterization of the magnetic separation photocatalyst $C-TiO_2@Fe_3O_4/AC$ with enhanced photocatalytic performance under visible light irradiation[J]. Journal of Hazardous Materials, 2020, 381:120910.

[148] AVCI R N, OYMAK T, BA DA E. Determination of sulfadiazine in natural waters by pine needle biochar-derivatized magnetic nanocomposite based Solid-Phase Extraction(SPE) with High-Performance Liquid Chromatogra-

phy(HPLC)[J]. Analytical Letters, 2022, 55(16):2495-2506.

[149] ASGHARZADEHA F, GHOLAMI M, JAFARI A J. Heterogeneous photocatalytic degradation of metronidazole from aqueous solutions using Fe_3O_4/TiO_2 supported on biochar[J]. Desalination and Water Treatment, 2020, 175:304-315.

[150] BULIN C, LI B, ZHANG Y H, et al. Removal performance and mechanism of nano α-Fe_2O_3/graphene oxide on aqueous Cr(Ⅵ)[J]. Journal of Physics and Chemistry of Solids, 2020, 147:109659.

[151] AMO-DUODU G, TETTEH E, RATHILAL S, et al. Synthesis and characterization of magnetic nanoparticles:Biocatalytic effects on wastewater treatment[J]. Materials Today:Proceedings, 2022, 62:S79-S84.

[152] ESMAEILI A, KHOSHNEVISAN N. Optimization of process parameters for removal of heavy metals by biomass of Cu and Co-doped alginate-coated chitosan nanoparticles[J]. Bioresource Technology, 2016, 218:650-658.

[153] YU Z, SONG W, LI J, et al. Improved simultaneous adsorption of Cu(Ⅱ) and Cr(Ⅵ) of organic modified metakaolin-based geopolymer[J]. Arabian Journal of Chemistry, 2020, 13(3):4811-4823.

[154] ZHANG Y, LI M, LI J C, et al. Surface modified leaves with high efficiency for the removal of aqueous Cr(Ⅵ)[J]. Applied Surface Science, 2019, 484:189-196.

[155] ZHANG X, LI M, SU Y G, et al. A novel and green strategy for efficient removing Cr(Ⅵ) by modified kaolinite-rich coal gangue[J]. Applied Clay Science, 2021, 211:106208.

[156] SELIEM M K, MOBARAK M. Cr(Ⅵ) uptake by a new adsorbent of CTAB-modified carbonized coal:Experimental and advanced statistical physics studies[J]. Journal of Molecular Liquids, 2019, 294:111676.

[157] YOUSSEF A F, ELFEKY S, EBRAHIM M S. Applications of CTAB modified magnetic nanoparticles for removal of chromium(Ⅵ) from contaminated water[J]. Journal of Advanced Research, 2017, 8(4):435-443.

[158] LI Y, WEI Y N, HUANG S Q, et al. Biosorption of Cr(Ⅵ) onto Auricularia

auricula dreg biochar modified by cationic surfactant: Characteristics and mechanism[J]. Journal of Molecular Liquids, 2018, 269:824-832.

[159] LI K, LI P, CAI J, et al. Efficient adsorption of both methyl orange and chromium from their aqueous mixtures using a quaternary ammonium salt modified chitosan magnetic composite adsorbent[J]. Chemosphere, 2016, 154:310-318.

[160] WANG F W, PAN Y F, CAI P X, et al. Single and binary adsorption of heavy metal ions from aqueous solutions using sugarcane cellulose-based adsorbent[J]. Bioresource Technology, 2017, 241:482-490.

[161] MISHRA A, GUPTA B, KUMAR N, et al. Synthesis of calcite-based bio-composite biochar for enhanced biosorption and detoxification of chromium Cr(Ⅵ) by Zhihengliuella sp. ISTPL4[J]. Bioresource Technology, 2020, 307:123262.

[162] ANTONY G S, MANNA A, BASKARAN S, et al. Non-enzymatic reduction of Cr(Ⅵ) and it's effective biosorption using heat-inactivated biomass: A fermentation waste material [J]. Journal of Hazardous Materials, 2020, 392:122257.

[163] EL-HASAN T, HARFOUCHE M, ALDRABEE A, et al. Synchrotron XANES and EXAFS evidences for Cr^{+6} and V^{+5} reduction within the oil shale ashes through mixing with natural additives and hydration process[J]. Heliyon, 2021, 7(4):e6769.

[164] CHEN Z S, WEI D L, LI Q, et al. Corrigendum to 'Macroscopic and microscopic investigation of Cr(Ⅵ) immobilization by nanoscaled zero-valent iron supported zeolite MCM-41 vis batch, visual, XPS and EXAFS techniques' [J]. Journal of Cleaner Production, 2019, 226:1150.

[165] PARK D, YUN Y S, PARK J M. XAS and XPS studies on chromium-binding groups of biomaterial during Cr(Ⅵ) biosorption[J]. Journal of Colloid and Interface Science, 2008, 317(1):54-61.

[166] AZEEZ R A, AL-ZUHAIRI F K I. Biosorption of dye by immobilized yeast cells on the surface of magnetic nanoparticles[J]. Alexandria Engineering

Journal, 2022, 61(7):5213-5222.

[167] LEE D J, YANG X J, ZHAO Z W, et al. Enhanced biosorption of Cr(Ⅵ) from synthetic wastewater using algal-bacterial aerobic granular sludge:Batch experiments, kinetics and mechanisms[J]. Separation and Purification Technology, 2020, 251:117323.

[168] LI L C, XU Y, ZHONG D, et al. CTAB-surface-functionalized magnetic MOF@MOF composite adsorbent for Cr(Ⅵ) efficient removal from aqueous solution[J]. Colloids and Surfaces A:Physicochemical and Engineering Aspects, 2020, 586:124255.

[169] ZHANG W, OU J, WANG B, et al. Efficient heavy metal removal from water by alginate-based porous nanocomposite hydrogels:The enhanced removal mechanism and influencing factor insight[J]. Journal of Hazardous Materials, 2021, 418:126358.

[170] ULHAQ I, AHMAD W, AHMAD I, et al. Engineering TiO_2 supported CTAB modified bentonite for treatment of refinery wastewater through simultaneous photocatalytic oxidation and adsorption[J]. Journal of Water Process Engineering, 2021, 43:102239.

[171] GENG J H, LIN L, GU F, et al. Adsorption of Cr(Ⅵ) and dyes by plant leaves:Effect of extraction by ethanol, relationship with element contents and adsorption mechanism [J]. Industrial Crops and Products, 2022, 177:114522.

[172] ZHAO N, ZHAO C, TSANG D C W, et al. Microscopic mechanism about the selective adsorption of Cr(Ⅵ) from salt solution on O-rich and N-rich biochars[J]. Journal of Hazardous Materials, 2021, 404:124162.

[173] ZHANG L, NIU W Y, SUN J, et al. Efficient removal of Cr(Ⅵ) from water by the uniform fiber ball loaded with polypyrrole:Static adsorption, dynamic adsorption and mechanism studies[J]. Chemosphere, 2020, 248:126102.

[174] QU J, ZHANG X, BI F, et al. Polyethyleni mine-grafted nitrogen-doping magnetic biochar for efficient Cr(Ⅵ) decontamination:Insights into synthesis and adsorption mechanisms [J]. Environmental Pollution, 2022,

313:120103.

[175] ABDELBASSET W K, MOHSEN A M, KADHIM M M, et al. Fabrication and characterization of Copper(II) complex supported on magnetic nanoparticles as a green and efficient nanomagnetic catalyst for synthesis of diaryl sulfones[J]. Polycyclic Aromatic Compounds, 2023, 43(5):4032-4044.

[176] TANG X, HUANG Y, LI Y, et al. Study on detoxification and removal mechanisms of hexavalent chromium by microorganisms[J]. Ecotoxicology and environmental safety, 2021, 208:111699.

[177] REN J, ZHENG L, SU Y, et al. Competitive adsorption of Cd(II), Pb(II) and Cu(II) ions from acid mine drainage with zero-valent iron/phosphoric titanium dioxide: XPS qualitative analyses and DFT quantitative calculations [J]. Chemical Engineering Journal, 2022, 445:136778.

[178] COLOSIMO R, MULET-CABERO A, CROSS K L, et al. β-glucan release from fungal and plant cell walls after simulated gastrointestinal digestion [J]. Journal of Functional Foods, 2021, 83(3-4):104543.

[179] AMARSAIKHAN N, O'DEA E M, TSOGGEREL A, et al. Lung eosinophil recruitment in response to Aspergillus fumigatus is correlated with fungal cell wall composition and requires γδ T cells[J]. Microbes and Infection, 2017, 19(7-8):422-431.

[180] TOYODA K, YAO S, TAKAGI M, et al. The plant cell wall as a site for molecular contacts in fungal pathogenesis[J]. Physiological and Molecular Plant Pathology, 2016, 95:44-49.

[181] ZHAO W C, FERNANDO L D, KIRUI A, et al. Solid-state NMR of plant and fungal cell walls: A critical review[J]. Solid State Nuclear Magnetic Resonance, 2020, 107:101660.

[182] BAE S, SIHN Y, KYUNG D, et al. Molecular identification of Cr(VI) removal mechanism on vivianite surface[J]. Environmental science and technology, 2018, 52(18): 10647-10656.

[183] ZHAO N, ZHAO C F, LIU K Y, et al. Experimental and DFT investigation on N-functionalized biochars for enhanced removal of Cr(VI)[J]. Environ-

mental Pollution, 2021, 291:118244.

[184] LI J H, WANG S L, ZHENG L R, et al. Spectroscopic investigations and density functional theory calculations reveal differences in retention mechanisms of lead and copper on chemically – modified phytolith – rich biochars [J]. Chemosphere, 2022, 301:134590.

[185] RAMIREZ A, OCAMPO R, GIRALDO S, et al. Removal of Cr(Ⅵ) from an aqueous solution using an activated carbon obtained from teakwood sawdust: Kinetics, equilibrium, and density functional theory calculations[J]. Journal of Environmental Chemical Engineering, 2020, 8(2):103702.

[186] VALADI F M, SHAHSAVARI S, AKBARZADEH E, et al. Preparation of new MOF –808/chitosan composite for Cr(Ⅵ) adsorption from aqueous solution: Experimental and DFT study [J]. Carbohydrate Polymers, 2022, 288:119383.

[187] LIU X, ZHANG Y, LIU Y, et al. Removal of Cr(Ⅵ) and Ag(Ⅰ) by grafted magnetic zeolite/chitosan for water purification: Synthesis and adsorption mechanism[J]. International Journal of Biological Macromolecules, 2022, 222:2615 – 2627.

[188] BEATRICE M L, DELPHINE S M, AMALANATHAN M, et al. Molecular structure, spectroscopic, Fukui function, RDG, anti – microbial and molecular docking analysis of higher concentration star anise content compound methyl 4 – methoxybenzoate – DFT study [J]. Journal of Molecular Structure, 2021, 1238:130381.

[189] YAÑEZ O, BÁEZ – GREZ R, INOSTROZA D, et al. Kick – Fukui: A Fukui function – guided method for molecular structure prediction[J]. Journal of Chemical Information and Modeling, 2021, 61(8):3955 – 3963.

[190] DEMAEGHT P, OSBORNE E J, ODMAN – NARESH J, et al. High resolution genetic mapping uncovers chitin synthase – 1 as the target – site of the structurally diverse mite growth inhibitors clofentezine, hexythiazox and etoxazole in Tetranychus urticae[J]. Insect Biochemistry and Molecular Biology, 2014, 51:52 – 61.

[191] KARPLUS M, MCCAMMON J A. Molecular dynamics simulations of biomolecules[J]. Nature Structural Biology, 2002, 9(9):646-652.

[192] HOLLINGSWORTH S A, DROR R O. Molecular dynamics simulation for all [J]. Neuron, 2018, 99(6):1129-1143.

[193] LIU X W, SHI D F, ZHOU S Y, et al. Molecular dynamics simulations and novel drug discovery[J]. Expert Opinion on Drug Discovery, 2018, 1(13):23-37.

[194] KUMAR N, SRIVASTAVA R, PRAKASH A, et al. Structure-based virtual screening, molecular dynamics simulation and MM-PBSA toward identifying the inhibitors for two-component regulatory system protein NarL of Mycobacterium Tuberculosis[J]. Journal of Biomolecular Structure and Dynamics, 2020, 11(38):3396-3410.

[195] VERMA S, GROVER S, TYAGI C, et al. Hydrophobic interactions are a key to MDM2 inhibition by polyphenols as revealed by molecular dynamics simulations and MM/PBSA free energy calculations[J]. Plos One, 2016, 11(2):e0149014.

[196] ZENG J P, ZHANG Y, CHEN Y H, et al. Molecular dynamics simulation of the adsorption properties of graphene oxide/graphene composite for alkali metal ions[J]. Journal of Molecular Graphics and Modelling, 2022, 114:108184.

[197] TAVAKOL H, HASHEMI F, MOLAVIAN M R. Theoretical investigation on the performance of simple and doped graphenes for the surface adsorption of various ions and water desalination[J]. Structural Chemistry, 2017, 28:1687-1695.

[198] PHAM T T, VUONG V D, VU Q A, et al. Density functional theory study on Na, K metals and Na^+, K^+ metallic ions adsorption on Nitrogen and Boron doped graphene for water desalination[J]. Journal of the Austrian Society of Agricultural Economics, 2022, 18:1127.

[199] PARVATHI E, DILRAJ N, AKSHAYA C V, et al. A review on graphene-based adsorbents for the remediation of toxic heavy metals from aqueous

sources[J]. International Journal of Environmental Science and Technology, 2023, 20(10): 11645-11672.

[200] BULIN C, GUO T. Partially reduced graphene oxide as an efficient adsorbent towards ionic dyes and interaction mechanism[J]. Journal of Molecular Liquids, 2023, 391: 123436.

[201] KHALIGH N G, JOHAN M R. Recent advances in water treatment using graphene-based materials[J]. Mini-Reviews in Organic Chemistry, 2020, 17(1): 74-90.

[202] YUSUF M, ELFGHI F M, ZAIDI S A, et al. Applications of graphene and its derivatives as an adsorbent for heavy metal and dye removal: a systematic and comprehensive overview[J]. RSC Advances, 2015, 5(62): 50392-50420.

[203] TAVAKOL H, SHAHABI D, KESHAVARZIPOUR F, et al. Theoretical calculation of simple and doped CNTs with the potential adsorption of various ions for water desalination technologies[J]. Structural Chemistry, 2020, 31: 399-409.

[204] HIEW B Y Z, LEE L Y, LEE X J, et al. Review on synthesis of 3D graphene-based configurations and their adsorption performance for hazardous water pollutants[J]. Process Safety and Environmental Protection, 2018, 116: 262-286.

[205] ASKARI ARDEHJANI N, FARMANZADEH D. DFT investigation of metal doped graphene capacity for adsorbing of ozone, nitrogen dioxide and sulfur dioxide molecules[J]. Adsorption, 2019, 25: 661-667.

[206] HEZARKHANI M, GHADARI R. Exploration of the binding properties of the Azo dye pollutants with nitrogen-doped graphene oxide by computational modeling for wastewater treatment improvement[J]. ChemistrySelect, 2019, 4(19): 5968-5978.

[207] ULLAH S, DENIS P A, SATO F. Coupled cluster investigation of the interaction of beryllium, magnesium, and calcium with pyridine: Implications for the adsorption on nitrogen-doped graphene[J]. Computational and Theoretical Chemistry, 2019, 1150: 57-62.

[208] ALZAHRANI A Z. Structural and electronic properties of graphene upon molecular adsorption: DFT comparative analysis [J]. Graphene Simulation, 2011, 1: 21-38.